BIBLIOTHÈQUE

Economique.

TOME XXXII.

IMPRIMERIE DE CASIMIR,

rue de la Vieille-Monnaie, nº 12.

ASTRONOMIE.

L'instruction est l'amie de tous.

PREMIÈRE PARTIE.

A PARIS,

CHEZ DAUTHEREAU,

A LA LIBRAIRIE AU RABAIS,

Grande cour du Palais-Royal, côté du Théâtre-Français, n° 21 *bis*.

1826.

ASTRONOMIE.

INTRODUCTION.

On ne sait ni dans quel temps ni dans quel lieu est née l'astronomie. Si l'on s'en rapporte aux traditions des différens peuples, cette science date d'Uranus et d'Atlas chez les Atlantes, de Fohy à la Chine, de Thaut ou Mercure en Égypte, de Zoroastre et de Bélus dans la Perse et dans la Babylonie; mais ces traditions sont environnées de tant de fables et de récits inintelligibles, qu'elles nous laissent incertains et sur le temps et sur la réalité même de l'existence de ces personnages.

Ce qu'on sait certainement, c'est que les plus anciennes observations astronomiques que les Chaldéens aient faites, ne datent que de 719 ans avant Jésus-Christ. Ce sont trois éclipses de lune. On doit à ces peuples la découverte de la période luni-solaire, je veux dire une période d'années qui ramène les nouvelles et les pleines lunes aux mêmes jours, heures et minutes. Cette période est de 6585 jours, 8 heures, ou de 223 mois lunaires. Les Chaldéens connurent encore le temps que le soleil emploie à parcourir l'écliptique, c'est-à-dire la durée de l'année, et le comptèrent de 365 jours, 6 heures, 11 minutes.

Les Égyptiens ne cultivaient pas l'astronomie avec moins d'ardeur que les Chaldéens. On compte trois cent soixante-treize éclipses de soleil, et huit cent trente-deux éclipses de lune, qu'ils avaient observées. Si ce nombre n'est point exagéré, il faut que ces peuples se soient appliqués de très-bonne heure à observer les astres; aussi voit-on que leurs premières observations remontent à des temps très-reculés.

C'est à ce peuple qu'il faut attribuer l'invention du calcul des éclipses. Voici du moins les connaissances que Thalès de Milet rapporta de chez eux.

Ce philosophe étant allé à Memphis pour étudier sous les prêtres de ce pays, qui étaient les hommes les plus éclairés de l'univers, y vit des pyramides qui servaient d'observatoires à ces prêtres, et dont les quatre faces étaient exactement dirigées vers les quatre points cardinaux. On savait donc, en Égypte, tracer une méridienne, ce qui est une opération très-délicate. De retour de ce pays, Thalès enseigna aux Grecs la vraie cause des éclipses de soleil et en prédit une : c'est la première prédiction qui en a été faite dans ce pays. Elle arriva l'an 585 avant Jésus-Christ, précisément dans l'instant où Cyaxare, roi des Mèdes, et Aliathe, roi des Lydiens, étaient prêts à se livrer bataille. Cet événement les déconcerta, et, parce que l'ignorance est la mère de la superstition, ils regardèrent comme un avis du ciel de faire la paix.

Thalès enseigna encore que la terre est ronde. Il partagea la sphère du ciel en cinq cercles parallèles, démontra la cause des phases de la lune, et mesura le diamètre apparent du soleil, qu'il estima la sept cent vingtième partie de son orbite; estimation assez exacte.

Ce premier astronome ne se borna point là. Il voulut faire servir ses découvertes à l'usage de la société. Il songea d'abord à perfectionner le calendrier grec; mais ce ne fut qu'un projet. Cette perfection ne pouvait avoir lieu qu'en déterminant exactement les révolutions du soleil et de la lune, et Thalès n'en savait pas assez pour cela. Il fut plus heureux dans l'idée qu'il eut de rendre la navigation plus sûre, en faisant usage de l'étoile polaire. Pour exposer ses vues là-dessus, il composa, à ce qu'on assure, une astronomie nautique; production qui n'est point parvenue jusqu'à nous.

Quelques historiens attribuent encore à ce philosophe d'avoir remarqué le premier l'obliquité de l'écliptique, qui est la ligne que le soleil parcourt dans l'espace de l'année; mais l'opinion générale est que cette découverte est d'Anaximandre, successeur et disciple de Thalès. On doit à ce philosophe l'invention de la sphère armillaire, qui représente la division des cieux, suivant Thalès. Il est aussi le premier qui ait avancé que le soleil est un amas de matières enflammées.

Anaximènes, successeur d'Anaximandre dans l'école de Milet, s'occupa, comme lui, de l'astronomie. Il enseigna que les astres sont de grandes roues remplies de feu qui s'échappe par une ouverture, et crut que les éclipses ne venaient que d'un engorgement de cette ouverture. On prétend qu'il disait encore que les astres ne circulent point dans des orbites, mais qu'ils tournent autour de la terre, qu'il croyait plate. Anaxagore, qui vécut dans le même temps que lui, soutint que les cieux et les astres étaient de pierre ou de matière fort compacte, et que le mouvement circulaire, auquel ces astres sont en proie, les retenait dans leur orbite. Mais Pythagore forma bientôt après un cours de science astronomique.

Il reconnut la rondeur de la terre, l'existence des antipodes, la sphéricité des astres, la cause de la lumière de la lune et celle de ses éclipses, et observa le cours de Vénus et de Mercure, les deux planètes les plus proches du soleil ; observation que les Égyptiens avaient déjà faite. Il fit connaître Vénus, en montrant que c'était l'astre qui précède ou suit le lever ou le coucher du soleil, et qu'on appelait l'étoile du matin ou du soir.

Après lui, Philolaé, philosophe grec, observa avec soin les mouvemens des astres : il voulut même les expliquer. A cet effet, après les avoir en quelque sorte combinés, il pensa que la terre était livrée à deux mouvemens : un de rotation sur son axe, et un de progression ou de translation sur l'écliptique. Ce sentiment, quoique conforme à la vérité, parut ridicule, parce qu'on voyait marcher le soleil et qu'on n'apercevait pas le mouvement de la terre. Mais ce philosophe étonna bien davantage quand il soutint que le soleil n'a de lui-même ni lumière ni chaleur, que ce n'est qu'une espèce de miroir qui réfléchit l'une et l'autre, lesquelles lui viennent des planètes. Ce sentiment n'eut aucun partisan.

Des objets plus importans occupèrent les successeurs de Philolaé. Un astronome, nommé Phainus, étudia le cours des astres et en fit la base de l'astronomie. Il eut pour disciple Methon, qui se lia avec Euctemon pour suivre les conseils de son maître. Ils observèrent ensemble l'entrée du soleil dans le tropique du cancer, c'est-à-dire le solstice d'été, et firent usage d'un héliomètre, instrument qui leur servait à mesurer le cours du soleil; c'est tout ce que nous en savons. Ils observèrent aussi particulièrement le lever et le coucher de quelques étoiles. Ces observations et une découverte importante que Methon fit dans la chronologie, le rendirent célèbre dans la Grèce.

Près d'un siècle s'écoula et l'astronomie ne fit aucun progrès sensible. On observait les astres et on s'en tenait là. Les astronomes qui se distinguèrent le plus en ce genre de travail furent Aristille et Timocaris : ils firent un si grand nombre d'observations, qu'ils se trouvèrent en état de former un catalogue des étoiles.

Cependant Aristarque de Samos travaillait à déterminer la distance du soleil à la terre. C'était une entreprise très-hardie et qui étonna beaucoup les savans. Aristarque saisit l'instant où la partie visible de la lune est à moitié éclairée, et mesura alors la grandeur de l'arc intercepté entre le soleil et cette planète. Ces opérations lui donnèrent un triangle rectangle, dont un côté était formé par la distance de la lune à la terre, l'autre, par celui de la lune au soleil, et le troisième, par la distance du soleil à l'œil du spectateur. Connaissant donc les angles et la distance de la lune à la terre, il détermina aisément les autres côtés du triangle, et eut ainsi la distance du soleil à la terre. Il trouva de cette manière que la distance du soleil à la terre est vingt fois plus grande que celle de la terre à la lune. C'est une erreur; toutefois, quelque grande qu'elle nous paraisse aujourd'hui, il faut convenir que cette opération était un prodige pour le temps où elle fut faite.

Après avoir résolu pour ainsi dire un problème si difficile, il eut aisément la solution d'un autre bien moins compliqué : ce fut de connaître le diamètre de la lune, qu'il estima environ le tiers de celui de la terre. Enfin il ébaucha le premier un système astronomique, en plaçant le soleil au milieu des étoiles, et en faisant tourner les planètes autour de lui.

Le zèle d'Aristarque et ses succès étaient un aiguillon bien puissant pour encourager les amateurs de l'astronomie à faire de nouvelles découvertes dans cette science ; mais cent années se passèrent sans qu'il y eût personne capable de suivre les travaux de cet astronome. Il semblait qu'on allait oublier les astres et leurs mouvemens, lorsque enfin parut dans le monde un génie fécond en invention, qui cultiva l'astronomie avec le plus grand succès.

Hipparque, né à Nicée en Bithynie, environ cent quatre-vingt-dix ans avant Jésus-Christ, observa d'abord, pendant une longue suite d'années, le mouvement du soleil, c'est-à-dire les retours de cet astre à l'équateur et aux tropiques, et pour s'assurer de l'exactitude de ses observations, il les compara avec celles d'Aristarque. Il parvint par ce moyen à déterminer la grandeur de l'année, qu'il trouva de 365 jours, 5 heures, 55 minutes et 12 secondes.

Ce grand astronome soumit ensuite au calcul le mouvement du soleil ou plutôt de la terre, expliqua pourquoi cet astro parcourt plus vite la partie australe de l'écliptique que la partie boréale, mesura la durée des révolutions du mouvement de la lune, et calcula des tables propres à indiquer les mouvemens des astres.

Au milieu de ces sublimes opérations, une étoile nouvelle parut. Étonné de ce phénomène, Hipparque en conclut que le ciel éprouvait des changemens. Il voulut en tenir compte, et fit pour lors l'énumération de toutes les étoiles, dont il forma un catalogue. Afin de ne pas s'égarer dans ce travail immense, il divisa les étoiles en constellations, c'est-à-dire en plusieurs groupes ou assemblages, et les projeta sur une sphère. Il rangea par ce moyen toutes les étoiles suivant leur véritable lieu dans le firmament. Il en avait observé un grand nombre; mais quoiqu'il ne doutât point de l'exactitude de ses observations, il voulut s'en assurer en les comparant avec celles d'Aristille et de Timocaris. Il reconnut que les étoiles avaient changé de place, en rétrogradant, suivant l'ordre des signes, d'environ deux degrés. Il ne put savoir autour de quoi se faisait cette rétrogradation. Au défaut de connaissances réelles, il conjectura que ce mouvement avait lieu autour des pôles du zodiaque. Cet homme immortel termina sa carrière par deux découvertes importantes : ce fut de faire usage des longitudes pour fixer la position des lieux sur la terre, et de se servir à cet effet des éclipses de lune.

Ptolémée parut, qui, donnant en quelque sorte une forme à la science des astres, mérita d'être qualifié *le premier* ou *le prince des astronomes*. Il naquit à Ptolémaïde, en Égypte, au commencement du second siècle de l'ère chrétienne. Né avec un goût dominant pour l'astronomie, il s'y abandonna entièrement. Après avoir étudié avec soin tout ce qu'on avait écrit, il jugea que pour procéder avec méthode dans cette étude, il fallait commencer par déterminer dans quel ordre sont rangés et les globes qui roulent sur nos têtes, et celui que nous habitons, en un mot, faire un système astronomique. Le fruit de ses méditations fut que les astres sont situés dans le ciel de la manière suivante :

La terre est au milieu du monde. Autour d'elle tournent les planètes et les étoiles fixes d'orient en occident. La lune fait sa révolution autour de la terre. Viennent ensuite Mercure, Vénus, le Soleil, Mars, Jupiter et Saturne. Comme cet arrangement ne suffisait pas pour expliquer les inégalités de mouvement des planètes autour du soleil, Ptolémée supposa que chaque planète se meut dans un cercle pendant le temps que son centre avance dans son orbite. Il remarqua ensuite, ou crut voir que les étoiles sont animées de quatre mouvemens : le premier, un mouvement commun avec les planètes en 24 heures ; le second, un mouvement diurne par lequel elles retournent un peu du couchant au levant ; le troisiè-me, un mouvement qui les fait balan-cer tantôt du couchant à l'orient, tantôt de l'orient au couchant ; et en-fin le quatrième, celui par lequel elles paraissent balancer vers les deux pôles.

Il fallait rendre raison de tous ces mouvemens, pour que son système fût probable. C'est pourquoi Ptolémée imagina trois cieux. L'un, qu'il appela *premier mobile*, fait mouvoir, selon lui, les planètes et les étoiles autour de la terre ; et les deux autres, aux-quels il donna le nom de *cristallins*, doués d'un mouvement de vibration, servirent à expliquer les autres mou-vemens des planètes. Il ne rendit pas si aisément raison de ceux de la lune, qui sont d'une irrégularité extrême. Il fut obligé de faire mouvoir cette planète dans un cercle qu'il appela *épicycle*, et cet épicycle sur un excentrique qu'il fit encore mouvoir ; et, avec ces hypothèses, il expliqua assez bien les mouvemens de la lune.

Les choses ainsi disposées, Ptolémée résolut de suivre la découverte d'Hipparque sur le mouvement des étoiles fixes. Il observa long-temps ces astres. Il compara ensuite ses observations avec celles de cet astronome, et reconnut par là que les étoiles avaient avancé parallèlement à l'écliptique de 2 degrés 40 minutes, depuis Hipparque, c'est-à-dire dans l'espace de 265 ans. De là il conclut que le mouvement des étoiles est d'un degré par siècle.

En réunissant toutes ces observations, ce restaurateur de l'astronomie en forma un catalogue contenant la longitude et la latitude de mille vingt-deux étoiles. Enfin il déposa ses découvertes et ses travaux dans un ouvrage qu'il nomma lui-même *compositionem magnam*, et qui parut sous le titre d'*Almageste*, c'est-à-dire de très-grand ouvrage. Ptolémée y décrit l'instrument nommé *armilles*, qui avait servi à Hipparque pour ses observations, et avec lequel il avait fait les siennes. C'était une sorte de sphère armillaire, à laquelle on avait ajouté un cercle qui tournait sur les pôles de l'écliptique, et qui était garni de pinules diamétralement opposées. On plaçait cette sphère dans le plan de la sphère céleste, et par la situation d'un astre à son égard, qu'on connaissait soit à la lumière qu'il jetait sur les cercles, soit par les pinules, on déterminait sans calcul le lieu de cet astre dans le ciel.

Les succès de Ptolémée avaient rendu son nom si célèbre, et avaient donné de lui une si haute idée, qu'on désespéra pendant long-temps d'ajouter à ses découvertes. On adopta même aveuglément son système et ses hypothèses, et on passa une suite de siècles dans l'admiration de ses ouvrages.

Cependant un Arabe, connu sous le nom d'Albategnius, n'adopta pas tellement les hypothèses de Ptolémée, qu'il s'en interdît l'examen. Il trouva que la théorie de la lune et des planètes ne répondait point aux phénomènes, et tâcha de la corriger. En comparant le sentiment de cet astronome sur la situation du soleil, il reconnut une erreur : c'est que le mouvement du soleil n'est pas égal à celui des étoiles, comme Ptolémée l'avait cru, mais qu'il est un peu plus rapide. Il découvrit encore une erreur plus considérable dans ses tables. Cette découverte rendait le catalogue de Ptolémée presque inutile ; mais l'astronome arabe répara cette perte en formant un nouveau catalogue. Il le publia en 880, dans un livre qui parut sous ce titre : *de Scientiâ Stellarum.*

Ces succès encouragèrent les Arabes à suivre les traces de leur illustre com-

patriote, et il parut, jusqu'au dou-
zième siècle, quelques astronomes qui
s'étudièrent, soit à rectifier le travail
de Ptolémée, soit à faire de nouvelles
observations. On cite, pendant ce siècle, l'empereur Frédéric II, qui, tou-
ché des beautés de l'astronomie, fit
traduire les ouvrages de Ptolémée,
afin de les mettre à la portée de tout le
monde. Ce prince fit aussi construire
un grand globe céleste représentant au
dehors les constellations, et en dedans
la division des cieux et la disposition
des orbites planétaires.

Vers le milieu du treizième siècle,
Alphonse, roi de Castille, prit encore
l'astronomie plus à cœur. Il voulut
d'abord connaître cette science pour
concourir avec plus de succès à sa perfection. A cet effet, il fit venir à grands
frais des astronomes de tous les pays
de l'Europe. Il les logea magnifique-
ment dans un de ses palais, et les in-
vita à perfectionner l'astronomie an-
cienne, dont la théorie paraissait de

jour en jour plus défectueuse par les nouvelles observations. C'est ce prince qui, justement choqué de l'embarras des cercles et des épicycles dans lesquels ses astronomes faisaient mouvoir les planètes, conformément au système de Ptolémée, se permit une plaisanterie qu'on n'a pas manqué de traiter d'impiété envers l'auteur de la nature : « Si Dieu, répétait-il quelquefois, « m'avait appelé à son conseil lorsqu'il « créa l'univers, les choses auraient « été dans un ordre meilleur et plus « simple. » Par ces paroles, qui nous paraissent fort sensées, Alphonse faisait entendre qu'on était encore bien éloigné de connaître le véritable système du monde.

Il était réservé à Copernic de comprendre ce système. En étudiant l'hypothèse de Ptolémée, il reconnut tant d'embarras dans l'arrangement qu'il avait imaginé, qu'il pensa à en créer un autre.

Il savait que Philolaé prétendait que

la terre tourne autour du soleil, et que quelques philosophes de l'anti-quité avaient même soupçonné que Vénus et Mercure font leur révolution autour de cet astre ; il résolut de véri-fier tout cela. Il observa particulière-ment Mars, Jupiter et Saturne, et ses observations lui apprirent que ces trois planètes ne paraissaient pas toujours de la même grandeur. Toutes ces dé-couvertes étant combinées, il imagina le système suivant :

Il place le soleil à peu près au cen-tre du monde planétaire ; Mercure, Vénus, la Terre, Mars, Jupiter et Sa-turne font leur révolution autour de cet astre. Les planètes avancent d'oc-cident en orient et tournent autour de leur axe. Pour rendre raison de l'irré-gularité de leur mouvement, il fait mouvoir, comme Ptolémée, la planète dans un cercle, pendant qu'elle avance sur son orbite. Les cieux sont immo-biles dans ce système, et les étoiles y sont placées à une distance immense

du soleil. A l'égard de la lune, elle cir
cule autour de la terre.

Copernic ne crut pas devoir rendre
public son ouvrage, sans s'assurer par
lui-même, que ce nouvel arrangement
répondait à tous les phénomènes célestes. Il observa donc les astres pendant trente-six ans, et, persuadé qu'on
ne pouvait rien imaginer qui répondît
mieux aux observations, il mit son
système au jour.

Ces travaux mirent l'astronomie en
honneur; mais elle acquit une bien
plus grande considération lorsqu'on
vit un souverain en faire une étude
sérieuse; c'était Guillaume II, landgrave de Hesse. Il fit bâtir dans cette
vue un observatoire, qu'il enrichit de
bons instrumens.

Pendant que le landgrave travaillait à Hesse-Cassel pour la perfection
de l'astronomie, Tycho-Brahé, en Da-
nemarck, la cultivait avec le plus
grand succès. Tycho est le plus grand
observateur qui ait jamais existé.

Ce qui le rend surtout célèbre, c'est le système qu'il a imaginé. Celui de Copernic n'était pas goûté de tout le monde, parce qu'on avait de la peine à se persuader que la terre tournât autour du soleil; Tycho voulut rectifier, à cet égard, ce système, en supposant la terre immobile, et en faisant tourner autour d'elle la lune et le soleil; mais il établit que les planètes Mercure, Vénus, Jupiter et Saturne, font leur révolution autour du soleil comme dans le système de Copernic. L'hypothèse de Tycho n'a jamais eu de partisans et ne mérite pas qu'on s'y arrête.

Cet astronome, d'ailleurs justement célèbre, eut pour disciple Keppler. Peu favorisé de la fortune, il trouva dans Tycho un bienfaiteur qui le mit en état de suivre son goût pour les sciences, et qui l'aida même à faire ses belles découvertes. Il l'avait invité à assister à une observation délicate sur Mars, et Tycho expliquait ses mouvemens en accumulant des cercles qui en compliquaient extrêmement la théorie, lorsque Keppler lui fit comprendre qu'il ne goûtait point cette explication. Il crut qu'on pouvait rendre raison de ces mouvemens d'une manière plus simple. Il imagina de rapprocher le centre de l'orbite de Mars de la moitié de l'excentricité qu'on lui donnait, et il représenta ainsi son mouvement beaucoup mieux qu'on ne l'avait fait jusqu'alors.

En examinant cette explication avec plus de soin, il vit qu'elle ne répondait point encore à tous les phénomènes. Il conjectura que ce défaut venait de ce que la figure de l'orbite n'était pas telle qu'il la supposait. Il pensa aussitôt à substituer celle d'une ellipse à la circulaire, et cette idée fut très-heureuse. Il rendit raison par là, non-seulement des mouvemens de Mars, mais encore de ceux des autres planètes. Il établit donc que les planètes se meuvent dans une ellipse, dont le soleil occupe un des foyers.

Les observations qu'il fit d'après cette découverte lui apprirent que les planètes décrivent des aires proportionnelles aux temps, et que les carrés des temps qu'elles emploient dans leur révolution, sont comme les cubes de leurs distances. Ces deux règles, si belles et si justes, sont en quelque sorte la clef de la théorie des planètes. Elles ont immortalisé Keppler. Cet astronome devina aussi la cause du mouvement des astres; car il pensa que les planètes gravitent vers le soleil, comme les corps qui tombent gravitent vers la terre.

Une autre conjecture que fit ce grand homme, et qui fait bien voir qu'il avait saisi le mécanisme de l'univers, c'est que le soleil tourne autour de son axe; ce qui est une vérité bien reconnue. Il remarqua encore la forme elliptique du soleil et de la lune, lorsque les astres sont proche de l'horizon.

Ce savant eût sans doute fait d'autres observations importantes, mais il convenait qu'il calculât des tables astronomiques d'après sa théorie des planètes, pour constater la solidité de cette théorie ; il y sacrifia le reste de ses jours.

L'astronome qui seconda ce mathématicien mérite aussi des regrets ; c'est Galilée, le plus beau génie de son siècle. Il s'appliqua d'abord à la mécanique, dans laquelle il fit quelques découvertes ; mais l'invention du télescope, en 1609, lui parut si merveilleuse, qu'il se livra entièrement à l'étude de l'astronomie.

Le premier usage qu'il fit du télescope, fut de le tourner vers la lune. Il découvrit des inégalités sur sa surface qui lui parurent de véritables montagnes. Il osa même en mesurer la hauteur au moyen d'un procédé géométrique, et il trouva qu'elles étaient beaucoup plus élevées que celles de la terre. Il observa les astres avec le même instrument, et reconnut que la voie lactée n'était qu'un amas confus d'étoiles.

Galilée fit encore d'autres découvertes importantes. En 1610, il aperçut trois petites planètes qui tournaient autour de Jupiter, et peu de temps après, il en découvrit une quatrième. Il les nomma les satellites ou les gardes de Jupiter. Il vit les phases de Vénus et l'anneau de Saturne; ce dernier phénomène devint pour lui une énigme qui ne fut dévinée qu'après sa mort.

En publiant ces découvertes, Galilée prouva qu'elles se liaient au mouvement de la terre; mais cette opinion ayant été déclarée hérétique par la cour de Rome, Galilée, le plus opiniâtre défenseur du système de Copernic, fut cité au tribunal de l'inquisition, où une assemblée de cardinaux le força de se rétracter, sous peine d'une prison rigoureuse.

En ce même temps parut Descartes, à qui la nature avait donné le génie et l'audace nécessaires pour renverser toutes les bornes des connaissances humaines. Il imagina et proposa cette méthode si connue, qui depuis a épargné tant d'écarts et de pas inutiles dans l'étude des vérités philosophiques. Il soumit à l'examen toutes les connaissances qu'il avait acquises, établit son doute méthodique, et n'admit d'autre règle d'assentiment que l'évidence; mais il fut égaré par son génie, auquel il se livra avec trop de confiance, et qu'il n'étaya pas assez de la science des faits découverts jusqu'alors. Son système manque par la simplicité; il supposa un plein universel qui n'admettait aucun vide, et autour duquel les corps s'avançaient en déplaçant les divers fluides de densités différentes qui remplissaient tout l'espace. L'hypothèse de ces tourbillons, entassés les uns sur les autres, tomba devant le système aussi simple que lumineux de Newton. Toutefois, malgré ses erreurs, Descartes est un des plus grands philosophes de ces derniers siècles. C'est lui qui, en quelque sorte, a fixé l'hypothèse de Copernic.

Mais ce furent surtout par l'établissement des académies que les sciences firent de rapides progrès. Les efforts isolés du génie ne sauraient embrasser toutes les parties qui s'aident mutuellement, et par conséquent se suffire. Ils ont besoin d'un certain concours de lumières qui ne peut se trouver que dans la réunion des savans.

On vit bientôt toutes les parties de l'astronomie se perfectionner dans le sein de ces illustres compagnies. Parmi les grands services qu'elles ont rendus, on doit distinguer la découverte des satellites de Saturne, la connaissance de la propagation de la lumière, celle de la grandeur et de la figure de la terre, l'application du pendule aux horloges, celle des lunettes aux quarts de cercle, et celle des micromètres aux lunettes. On y discuta et on y établit la théorie du soleil et de la lune, leurs inégalités, leurs diamètres, leur parallaxe, les réfractions, l'obliquité de l'écliptique, les inégalités des satellites de Jupiter.

La société royale de Londres eut un observateur célèbre, Jean Flamsteed, à qui nous devons le plus grand catalogue d'étoiles qui ait jamais été fait, et qui parut en 1712. Halley, qui lui succéda, est celui à qui l'on doit, entre autres choses, la première prédiction du retour d'une comète. Il l'annonça en 1705, et elle se vérifia en 1759.

Mais l'homme qui devait le plus honorer la science et l'espèce humaine, était Newton. Il naquit le 25 décembre 1642, à Volstrope, dans la province de Lincoln, en Angleterre, d'une famille noble, mais qui a reçu de lui son illustration. Il parut, dans ses études, plutôt inventer qu'étudier. Il parcourut les élémens d'Euclide ; l'énoncé seul des théorèmes les lui faisait découvrir. Il passa à la géométrie de Descartes ; il y trouva le langage d'un grand homme, et des idées que sa force, quoique jeune encore, pouvait déjà supporter. On ne connaît de lui ni méprises ni essais.

C'est en lisant Descartes que Newton apprit à connaître son propre génie. Il entra aussitôt dans la carrière de la haute géométrie, sans d'autre maître que lui-même, et tous ses pas furent marqués par autant de découvertes. Dans ses mains, la géométrie prit une forme nouvelle. Il en fit un instrument plus subtile, plus propre aux recherches profondes par l'invention du calcul des fluxions, appelé autrement le calcul différentiel, espèce de micromètre dont l'esprit se sert pour voir, d'une manière plus intime et plus sûre, le rapport des choses. C'est par cette découverte que Newton s'est élevé à cette haute carrière qu'il a parcourue.

Parmi les raisons qu'on opposa dans le temps contre le système de Copernic, on dit que si la terre tournait en effet autour du soleil, les étoiles fixes devaient paraître en des lieux différens pour un observateur placé successivement aux deux extrémités d'un diamètre de l'orbite terrestre. L'objection était solide, et les astronomes, persuadés de l'existence de cette *parallaxe*, n'avaient cessé, depuis Copernic, de chercher à la déterminer. Un astronome anglais, nommé Bradley, parvint à résoudre ce problème difficile.

Il observa long-temps, avec des machines très-ingénieuses, une étoile de la constellation du dragon, et découvrit que cette étoile avait un mouvement singulier : c'est qu'elle s'approchait du midi et qu'elle s'en éloignait quelque temps après. Cela lui parut d'autant plus extraordinaire, que tous les astronomes assuraient que les étoiles n'avaient aucun mouvement du midi au nord. Il craignit long-temps de se faire illusion, et quand il fut certain du fait, il s'étudia à en connaître la cause.

Bien convaincu que ce mouvement ne pouvait être qu'apparent, il se rappela que Roëmer, de l'Académie des Sciences de Paris, avait reconnu, avec le grand Cassini, auquel nous devons la théorie des satellites de Jupiter, que la lumière du soleil, pour venir jusqu'à nous, a un mouvement progressif ; de sorte qu'elle emploie 8 minutes environ pour arriver du soleil à la terre : c'en fut assez pour rendre raison de l'apparence du mouvement des étoiles du midi au nord. Il comprit que cela dépendait du mouvement de la lumière comparé à celui de la terre. En effet, qu'on observe une étoile, le rayon de lumière qui la rend visible doit la rendre aussi visible lors du mouvement de la terre, jusqu'à ce qu'un autre rayon de lumière soit venu au spectateur dans l'endroit où il se trouve actuellement. Mais comme la terre est emportée dans son orbe, le spectateur a changé de place : il doit donc voir l'étoile à deux endroits différens, puisqu'il la voit par deux différens rayons.

Cette découverte fut accueillie comme elle devait l'être. Bradley en conclut qu'en observant de nouveau le ciel avec une assiduité constante, il y avait lieu d'espérer de connaître mieux les mouvemens des astres. Il se renferma dans son observatoire, et sans se permettre presque le moindre repos, il épia tous les mouvemens de l'orbe céleste.

Tandis qu'il était occupé aux recherches les plus délicates, les astronomes français étaient divisés entre la mesure du degré du méridien faite par Snellius, et celle du même déterminée par le P. Riccioli. Il y avait pourtant une grande différence entre ces deux mesures; mais Riccioli avait fortifié son opinion de tant de raisons spécieuses, qu'on pouvait croire que la détermination de Snellius n'était pas rigoureusement exacte. D'ailleurs cet astronome ne s'était point servi des lunettes d'approche, dont l'usage pour les observations astronomiques lui était inconnu, et c'était un grand avantage pour les nouvelles observations. Tout sollicitait donc en faveur de la vérification de ces mesures, et d'une détermination précise d'un degré du méridien. C'est aussi le projet qu'on forma en 1730.

Deux compagnies de mathématiciens partirent, l'une pour aller mesurer un degré du méridien près de l'équateur, et l'autre pour mesurer le degré vers le pôle arctique. On en conclut que la terre est aplatie vers les pôles, et que le diamètre de ces pôles est plus court que celui de l'équateur.

Ce travail était à peine fini, qu'on apprit que les veilles continuelles de Bradley lui avaient procuré une connaissance importante, c'est que l'axe de la terre a une espèce de balancement ou de vibration, dont le centre de la terre est le point fixe, de façon que cet axe s'incline plus ou moins sur le plan de l'écliptique. On a donné à ce mouvement, inconnu jusqu'à lui, le nom de *nutation*. Cette découverte n'est pas moins importante que celle de l'*aberration* de la lumière, et toutes deux placent Bradley au rang des astronomes du premier ordre.

Si l'Angleterre a jeté les fondemens de la véritable physique céleste, en découvrant le principe et la loi de la gravitation universelle, l'Allemagne et la France ont en grande partie élevé l'édifice. La théorie de la lune a reçu dans les mains d'Euler, de d'Alembert et de Clairaut, un degré de perfection auquel il sera très-difficile de rien ajouter. Le premier de ces grands géomètres a déterminé les inégalités des planètes résultantes de leur action mutuelle, et a fait voir que la diminution de l'obliquité de l'écliptique en était une suite nécessaire. Nous devons au second la première solution rigoureuse

du problème de la précession des équinoxes, et de la nutation de l'axe de
la terre. La théorie de la figure de notre planète et la prédiction du retour
de la comète de 1759, d'après le calcul
des altérations occasionées dans son
mouvement par les attractions de Jupiter et de Saturne, font le plus grand
honneur à Clairaut et à la géométrie
française, que, depuis, M. de Laplace
a pour jamais illustrée.

De l'Horizon.

Lorsqu'un spectateur, placé en pleine
mer ou dans un lieu élevé, regarde ce
vaste espace du ciel qui paraît autour
de lui, en forme de cercle, et qui de
tous côtés borne sa vue, il observe
l'*horizon*.

L'horizon est donc un plan qui, pas-
sant par nos yeux, et rasant la surface
terrestre, sépare la partie visible du
ciel de celle qui nous est cachée.

On distingue deux sortes d'horizon :

l'un *rationnel* ou intelligible, parce qu'on ne le conçoit que par l'esprit; c'est ce grand cercle qui est censé avoir le même centre que la terre, et dont les deux pôles répondent au zénith et au nadir. Ces deux points, qu'on appelle points *verticaux*, sont d'une grande utilité dans l'étude du ciel.

On entend par *zénith* le point qui répond directement au-dessus de notre tête, et qu'on prolonge par la pensée jusqu'à la concavité du ciel. Le *nadir* est le point inférieur de la sphère céleste, celui qui se trouve directement opposé au zénith. Le nadir est donc le zénith de ceux qui habitent l'hémisphère opposé au nôtre, et qui appuient leurs pas sur la partie de la terre que nous foulons aux pieds.

On appelle *horizon visuel*, le petit cercle qui borne notre vue lorsque nous sommes en pleine campagne. Le plan de cet horizon n'occupe qu'une petite surface de la terre, et s'agrandit ou diminue suivant la puissance des rayons visuels de l'observateur. Ce cercle n'est d'aucune utilité en astronomie, où l'on n'admet que l'horizon rationnel.

L'horizon rationnel sert à indiquer le lever et le coucher des astres. On dit qu'une planète ou une étoile se lève quand elle commence à toucher l'horizon du côté de l'orient ; et on dit qu'elle se couche quand elle arrive au bord de l'horizon à l'occident.

Ce cercle détermine la longueur du jour et de la nuit ; le jour n'étant autre chose que le temps où le soleil est sur l'horizon ; et la nuit, le temps qu'il passe sous l'horizon.

Il fixe le commencement et la fin du crépuscule, c'est-à-dire de cette lumière douce et tranquille de l'aurore qui s'augmente peu à peu avant le lever du soleil, et de celle qui, le soir, après que le soleil est couché, diminue successivement jusqu'à ce que le soleil soit abaissé sous l'horizon de 18 degrés ; comme l'aurore commence dès que le soleil est parvenu, le matin, à ces 18 degrés.

Il marque les quatre points cardinaux.

Enfin il sert à placer la sphère dans trois positions différentes, qui sont la *sphère droite*, la *sphère oblique* et la *sphère parallèle*.

Chaque peuple a son horizon particulier; car, puisque l'horizon partage toujours le globe en deux parties égales, et qu'il est toujours éloigné de 90 degrés du zénith, il est certain que tous les points de la surface de la terre ont des horizons différens, et qu'un homme qui change de lieu, change aussi de zénith, et par conséquent d'horizon.

De l'Équateur.

L'équateur est un autre grand cercle également éloigné des deux pôles de 90 degrés.

Il divise le globe en deux parties: l'une est l'hémisphère septentrional, où se trouve le pôle arctique ou pôle nord;

l'autre du côté du pôle antarctique ou pôle sud, est l'hémisphère méridional.

C'est sur l'équateur qu'on compte les longitudes des lieux de la terre.

Ce cercle marque sur l'écliptique les deux points des équinoxes, c'est-à-dire ceux où le soleil, en décrivant l'équateur, rend les jours égaux aux nuits ; ce qui arrive deux fois l'année, au 20 mars, où est l'équinoxe de printemps, et au 22 septembre, qui est l'équinoxe d'automne. Il y a égalité de jours et de nuits dans tous les lieux de la terre, excepté aux pôles ; car alors le soleil commence pour l'un des pôles, un jour de six mois ; et pour l'autre une nuit de la même durée.

Le cercle de l'équateur a pour pôles les pôles du monde, autour desquels tous les astres paraissent faire en 24 heures une révolution d'orient en occident. C'est ce qu'on appelle le mouvement diurne ou journalier des astres, et qu'on peut appeler aussi la révolution totale de la sphère.

Cette révolution apparente des astres provient du mouvement réel de la terre autour de son *axe*, ou autour de la ligne que l'on suppose passer par son centre et aboutir aux deux pôles ou pivots sur lesquels elle roule. Cet axe, prolongé, va marquer aux cieux deux points fixes qui deviennent les pivots du mouvement apparent de la sphère céleste.

Il en est de même de l'équateur terrestre : il se répète aux cieux, où il devient un immense équateur céleste qui se meut avec une très-grande rapidité.

L'équateur se divise comme les autres cercles en 360 degrés, qu'on appelle *ascension droite*, par rapport aux astres, parce que la progression de ces degrés se fait en montant de gauche à droite, ou d'occident en orient, pendant que la révolution diurne se fait en sens contraire, de droite à gauche, ou d'orient en occident : cette disposition des degrés de l'équateur est favorable pour les faire passer dans leur ordre naturel , au-dessus de l'horizon, au méridien , etc. Le premier degré passe d'abord , tous les autres se suivent jusqu'au 360me degré , après quoi recommence une autre révolution.

Puisque la révolution totale de la sphère se fait à peu près dans les 24 heures de chaque jour, en prenant la 24me partie de 360 degrés de l'équateur , c'est 15 degrés qui passent dans 1 heure : 30 degrés en 2 heures : 90 degrés en 6 heures : 180 degrés en 12 heures : et enfin 360 degrés dans les 24 heures.

Le degré d'ascension droite d'une étoile , ou d'une planète et du soleil lui-même , est le degré de l'équateur qui passe au méridien avec le centre de chacun des astres. Ainsi , quand le soleil ou une étoile arrive au méridieu , par exemple, avec le 30me degré de l'équateur, on dit que le soleil ou cette étoile a trente degrés d'ascension droite,

Du Méridien.

Le **méridien** est un grand cercle qui passe par le zénith et le nadir, et par les pôles du monde, et qui divise le globe en deux hémisphères, l'un oriental, l'autre occidental.

On appelle ce cercle *méridien*, du mot latin *meridies*, midi, ou moitié du jour; parce que, quand le soleil y est arrivé, il paraît avoir fait la moitié de sa révolution diurne. Alors il est ou midi ou minuit pour tous les peuples qui ont le même méridien.

Les méridiens des différens pays se réunissent et se coupent aux deux pôles du monde, puisqu'ils vont tous d'un pôle à l'autre. Ils sont tous coupés par l'équateur, puisque l'équateur est partout à égale distance des deux pôles.

Le méridien sert aussi à montrer dans la sphère l'élévation ou la hauteur du pôle, laquelle n'est autre chose que l'arc ou la portion du méridien comprise entre le pôle du monde et l'horizon; cette élévation est pour **Paris** de 48 degrés 5o minutes.

On conçoit sur la sphère autant de méridiens qu'on peut tirer de lignes d'un pôle à l'autre. Tous les pays qui sont à l'orient ou à l'occident les uns des autres ont des méridiens différens, c'est-à-dire qu'ils ont midi les uns plus tôt, les autres plus tard, suivant qu'ils sont situés ou dans la partie orientale, ou dans la partie occidentale. Les pays qui se trouvent sous les mêmes méridiens sont ceux qui vont sur la même ligne d'un pôle à l'autre, du nord au midi ou du midi au nord, sans se détourner ni vers l'orient ni vers l'occident.

C'est sur ce cercle qu'on compte les latitudes des villes ou autres lieux de la terre.

Le premier méridien, n'étant qu'une chose de pure convention, a toujours beaucoup varié suivant les temps et les pays. Pytheas, de Marseille, au rapport de Strabon, regardait l'île de

Thulé, aujourd'hui l'Islande , comme la partie la plus occidentale du monde connu , et y plaçait le commencement des *longitudes*. Ératosthène commençait aux colonnes d'Hercule , vers le détroit de Gibraltar ; d'autres anciens géographes désignaient pour premier méridien les îles Fortunées , appelées depuis les Canaries.

Lorsque les Açores eurent été découvertes , en 1448, il y eut des auteurs qui comptèrent les longitudes de l'île de Tercère. Plus tard , les Hollandais placèrent leur premier méridien au pic de Ténériffe , montagne très-élevée que les navigateurs apercevaient de loin , et qui semblait un point de départ fixé par la nature même. Enfin , le 25 avril 1634, Louis XIII , après avoir consulté les mathématiciens les plus célèbres du temps , fixa le premier méridien à l'extrémité de l'île de Fer, la plus occidentale des Canaries. Le bourg principal de cette île est à 19 degrés, 53 minutes , 45 secondes à l'occident de Paris ; mais on néglige 6 minutes $\frac{1}{2}$, et l'on suppose la longitude de Paris égale à 20 degrés.

La longitude d'un lieu est donc la distance en degrés comptés sur l'équateur, depuis le premier méridien. Plus ce lieu en est éloigné, plus sa longitude est grande. Si l'on voulait savoir, par exemple, de combien Pékin, capitale de la Chine, est éloigné de Paris en longitude, on amènerait Paris sous le méridien du globe, on éloignerait ensuite ce point vers l'occident, en comptant combien il passe de degrés de l'équateur sous le méridien, jusqu'à ce que l'on aperçoive Pékin arriver sous ce point ; on trouve 114 degrés de l'équateur écoulés entre le méridien de Paris et celui de Pékin ; c'est la longitude de Pékin, en comptant du méridien de Paris. Les astronomes ont coutume de convertir les degrés en temps ; ils disent, par exemple, que Pékin est à 7 heures 36 minutes de Paris.

La latitude d'un lieu est la distance en degrés comptés depuis l'équateur sur le méridien. La latitude se mesure ou vers le nord ou vers le midi. On appelle latitude septentrionale celle qui est prise du côté du pôle arctique, et méridionale celle qui l'est du pôle antarctique. Toutes les villes de l'Europe ont latitude septentrionale ; celles du continent asiatique, d'une grande partie de l'Afrique et d'une grande partie de l'Amérique, ont pareillement latitude septentrionale. Toutes les autres ont latitude méridionale.

Un lieu ne peut avoir plus de 90 degrés de latitude, puisqu'il n'y a que 90 degrés depuis l'équateur qui sert de point de départ jusqu'au pôle, où toutes les latitudes se confondent.

La latitude d'un lieu n'étant autre chose que la distance de ce lieu à l'équateur terrestre, ou la distance de son zénith à l'équateur céleste, il en résulte que la hauteur du pôle d'un lieu est égale à sa latitude et l'exprime.

Pour compter cette distance des lieux à l'équateur, on trouve sur les cartes, depuis ce grand cercle jus-qu'aux pôles, des cercles parallèles marqués de dix en dix degrés. Plus le parallèle sur lequel un lieu est placé se trouve éloigné de l'équateur, et plus ce lieu a de latitude; deux pays situés sur un même parallèle ont la même latitude; on peut aller d'occident en orient, et d'orient en occident, sans changer de latitude, au lieu qu'on en change à chaque pas quand on va de l'équateur vers un des pôles.

Les degrés de longitude se comptant sur l'équateur ou sur ces parallèles, il résulte de la courbure du globe terres-tre que plus on approche des pôles, plus les degrés des cercles parallèles à l'équateur se rapprochent les uns des autres, et par conséquent plus les de-grés de longitude sont petits, en sorte que les plus grands doivent se trouver sur l'équateur. Là, ils valent chacun 25 lieues communes de 2283 toises.

De même que l'équateur, les parallèles se répètent aux cieux, et y deviennent des parallèles à l'équateur céleste; on les nomme cercles de déclinaison. Ces cercles coupant ceux des ascensions droites, ou des méridiens à angle droit, y déterminent la quantité de la déclinaison des astres, comme les cercles de latitude et de longitude sur terre déterminent celles des villes relativement à l'équateur terrestre ou au premier méridien.

Les astres qui sont dans l'équateur n'ont aucune déclinaison. La déclinaison d'un astre est petite ou grande à proportion qu'il est plus ou moins éloigné de l'équateur, et elle augmente et diminue à mesure qu'il s'en éloigne ou s'en approche.

La plus grande déclinaison du soleil a lieu lorsqu'il est parvenu aux *tropiques* du *Cancer* et du *Capricorne*, et elle se trouve alors de 23 degrés et demi.

Les tropiques sont donc des cercles

parallèles à l'équateur qui fixent, soit au nord, soit au midi, le terme des plus grands écarts du soleil, de l'équateur. Les points tropiques dans lesquels la déclinaison du soleil, soit boréale, soit australe, arrive à son *maximum*, sont éloignés de quatre-vingt-dix degrés des points d'intersection de la route du soleil avec l'équateur, c'est-à-dire des points équinoxiaux.

Il est clair qu'il y a presque autant de cercles d'ascension droite qu'il y a d'astres ; mais comme tous ces cercles ne peuvent pas être représentés dans un planisphère ou dans un globe à cause de la confusion qu'ils y causeraient, on se sert d'un méridien immobile afin de connaître quelle est l'ascension droite de chaque étoile. Pour cet effet, on conduit une étoile indiquée sous ce méridien ; ensuite on regarde quel est le point de l'équateur que coupe alors le méridien, et le point indique quelle est l'ascension droite de l'étoile, ou du lieu du ciel qu'on désire connaître.

Tous les méridiens terrestres vien—
nent successivement se confondre chaque jour avec le méridien céleste. Ce
grand cercle partage en deux parties
égales la route apparente des astres sur
notre horizon, et fixe le point où ils se
trouvent également différens du lieu
où ils se sont levés dans l'horizon et de
celui où ils doivent se coucher. Cette
moitié de leur cercle apparent et de
leur route visible s'appelle leur arc
semi-diurne.

Si les degrés de longitude varient
de l'équateur au pôle, il n'en est pas de
même des degrés de latitude. Comme
ces derniers se mesurent sur le méridien, c'est-à-dire sur ce grand cercle
qui passe sur les pôles du monde, ils
sont tous à peu près égaux.

Je dis à peu près, parce que la terre
n'est pas une sphère parfaite ; c'est un
sphéroïde dans lequel le diamètre équa-
torial est un peu plus long que le diamètre polaire. D'après les derniers
travaux entrepris pour la mesure des

degrés terrestres, on a reconnu que ces degrés vont tous en s'alongeant de l'équateur au pôle, et que, par conséquent, le petit axe est au pôle, et le grand axe de la terre est à l'équateur. La différence entre ces deux axes fait connaître la valeur de l'aplatissement. Cette valeur est évaluée à un trois cent neuvième, ce qui donne huit lieues de moins environ au diamètre qui joint les pôles qu'au diamètre de l'équateur.

Notre terre néanmoins, comme on le voit, s'éloigne peu de la sphère; car on doit compter pour rien les inégalités qui se trouvent à sa surface et qui n'en changent pas plus la forme que les légères rugosités d'une orange ne nuisent à sa rondeur. Voici des faits qui démontrent que la figure de la terre approche de celle d'une boule.

1° Si l'on est sur le rivage de la mer, la sphéricité s'aperçoit à l'œil.

2° Si un vaisseau s'éloigne du rivage, le corps du bâtiment disparaît le premier, puis la partie inférieure du mât, enfin le sommet. Si ce vaisseau revient vers le port, on aperçoit d'abord le sommet du mât, puis la partie inférieure, enfin le corps du bâtiment.

3° Les voyageurs qui ont fait le tour du monde sont revenus par un point opposé.

4° L'ombre que projette la terre sur la lune, dans une éclipse de ce satellite, est circulaire, effet qui ne peut être produit que par un corps sphérique.

5° Quand on voyage vers le nord, on aperçoit de nouvelles étoiles, et celles que l'on voyait le plus au midi disparaissent. La même chose arrive à ceux qui voyagent vers le midi ; les étoiles disparaissent au nord.

C'est en mesurant plusieurs degrés du méridien terrestre que l'on est parvenu à connaître l'étendue de notre très-petite planète. On trouve en allant vers le nord, dit Lalande, que la latitude d'Amiens est plus grande que celle de Paris d'un degré, ou que le soleil à midi est d'un degré plus bas à Amiens qu'à Paris ; c'est une preuve que la terre a un degré de courbure depuis Paris jusqu'à Amiens : or, cette distance mesurée en allant toujours du midi au nord, s'est trouvée de vingt-cinq lieues, chacune de deux mille deux cent quatre-vingt-trois toises ; donc un degré de la terre ou la trois cent soixantième partie de sa circonférence a vingt-cinq lieues d'étendue ; d'où il suit que la circonférence entière ou le tour de la terre est de neuf mille lieues ; car vingt-cinq fois trois cent soixante font neuf mille.

Antipodes, Antéciens, Périéciens.

La différence des longitudes et des latitudes forme une triple différence entre les habitans de la terre.

Puisque la terre est un corps presque sphérique, une grosse boule, la surface doit être habitée dans tous les sens. Cependant la courbure de cette surface peut paraître insensible à l'observateur qui n'en considère qu'une petite partie; et quand même cet observateur parcourrait la circonférence entière, il peut se faire qu'il croie néanmoins toujours marcher sur un plan indéfiniment prolongé.

Il doit le supposer, s'il ne porte son attention que sur la terre; car la ligne perpendiculaire qui passe par la tête et par les pieds de cet observateur et qui aboutit au zénith et au nadir, paraîtra, en effet, se mouvoir toujours parallèlement à elle-même; mais s'il regarde aux cieux, il verra bientôt que l'extrémité de cette ligne, immobile comme lui, forme des angles avec sa direction première, et que ces angles sont d'autant plus grands qu'il a fait sur la terre plus de chemin.

En continuant sa marche, notre observateur parviendra à former un angle de 180 degrés. Alors il aura parcouru la moitié de la circonférence du globe terrestre; il sera arrivé au nadir de son ancien zénith, et ses pas s'appuieront sur la terre, en sens opposé à celui dans lequel ils s'appuyaient au moment de son départ. Ce point sera l'*antipode* du lieu d'où on le suppose parti.

Deux antipodes ont le même horizon ; l'un voit la face supérieure du plan qui forme leur horizon, et l'autre sa face inférieure. Un astre se lève pour l'un quand il se couche pour l'autre ; ils ont la latitude égale, mais l'une septentrionale et l'autre méridionale ; ils diffèrent en longitude de 180 degrés ; du reste, ils ont tout opposé, les saisons, les mois, les heures.

Les peuples qui, sans être diamétralement opposés, sont l'un au midi, l'autre au nord de l'équateur, sur le même demi-cercle du méridien et à des latitudes égales, s'appellent *antéciens*, qui demeure vis-à-vis. Ils ont midi et minuit en même temps ; mais ils ont les saisons de l'année opposées. Lorsque les uns ont le printemps ou l'été, les autres ont l'automne ou l'hiver. Les uns sont dans les jours les plus longs, lorsque les autres sont dans les jours les plus courts. Les étoiles que les habitans de la partie méridionale voient toujours, ne paraissent jamais pour les habitans de la partie septentrionale.

Ceux qui sont sur le même parallèle, mais dans des points opposés, s'appellent *périéciens*, habitant autour; l'un compte midi quand l'autre a minuit. Ils ont les mêmes saisons et les mêmes accroissemens des jours et des nuits, puisqu'ils sont également éloignés de l'équateur. Ils voient les mêmes étoiles rester toujours sur l'horizon. Pendant le printemps et l'été, le soleil se lève pour l'un au moment qu'il se couche pour l'autre, en sorte qu'ils le voient tous deux en même temps, mais pendant un court intervalle.

De l'Écliptique.

L'écliptique est un grand cercle de la sphère qui marque le cours annuel du soleil, c'est-à-dire le chemin que cet astre décrit en apparence, lorsque la terre parcourt réellement son orbite dans l'espace de trois cent soixante-cinq jours un quart.

Le cercle de l'écliptique, placé obliquement, par rapport au cercle de l'équateur, coupe ce dernier en deux points diamétralement opposés et en deux parties égales, sous un angle de 23 degrés et demi ou environ. C'est cette obliquité de l'écliptique qui cause la variété des saisons de l'année et l'inégalité des jours et des nuits.

Ce cercle est appelé écliptique, parce que les éclipses du soleil ou de la lune n'arrivent jamais que quand la lune se trouve sur cette ligne, en conjonction ou en opposition avec le soleil.

Les deux points opposés auxquels l'écliptique coupe l'équateur se nomment, l'un la section du bélier, ou du printemps, et l'autre, la section de la balance, ou de l'automne. Ces points d'intersection sont aussi appelés *équinoxiaux*, parce que le jour est égal à la nuit quand le soleil y répond.

C'est depuis le premier point de la section du bélier que l'on commence à compter d'occident en orient les 360 degrés de chacun des cercles de l'équateur et de l'écliptique.

C'est aussi sur l'écliptique que se comptent les *longitudes* des planètes, ou leurs lieux dans le ciel selon l'ordre des signes, en commençant du premier point *aries*.

Les planètes s'éloignent de l'écliptique, tantôt vers le nord, tantôt vers le midi; cette distance ou cet éloignement, nommé *latitude* (septentrionale ou méridionale), se mesure par l'arc d'un grand cercle qui passe par les pôles de l'écliptique, et se compte depuis l'écliptique jusqu'au lieu de la planète. Tous les points où l'écliptique est coupée par les orbites des planètes ou par celle de la lune, s'appellent *nœuds*. C'est toujours dedans ou proche de ces nœuds que les éclipses arrivent.

On détermine la situation apparente du soleil dans l'écliptique par sa longitude et sa latitude. La longitude du soleil se compte sur l'écliptique, depuis le commencement du signe du bélier, en allant d'occident en orient ; de manière que, lorsque cet astre a paru décrire un arc de 15 degrés, sa longitude est de 15 degrés. La latitude ou la déclinaison du soleil est sa distance à l'équateur ; on la compte sur les méridiens, qui sont des cercles perpendiculaires à l'équateur ; de manière que, si l'arc d'un méridien, compris entre l'équateur et le soleil, se trouve à un jour donné de 10 degrés, la déclinaison de cet astre sera ce jour-là de 10 degrés.

Puisque la latitude ou la déclinaison du soleil est sa distance à l'équateur, et que le soleil, deux jours par an (aux équinoxes), paraît décrire ce grand cercle, il en résulte que le 20 mars et le 23 septembre, équinoxes de printemps et d'automne, le soleil n'a point de déclinaison.

Du Zodiaque.

Pour marquer, soit vers le nord, soit vers le midi, le terme où parviennent les planètes dans leurs plus grandes latitudes, les anciens imaginèrent une bande ou zone large de seize degrés, et séparée dans toute son étendue par le cercle de l'écliptique. C'est ce qu'on nomme encore aujourd'hui le *zodiaque*; mais les nouvelles découvertes ne permettent plus de le resserrer dans une zone de seize degrés.

Le zodiaque, coupé dans sa longueur en deux parties égales par l'écliptique, fut encore divisé dans sa circonférence par douze signes ou constellations.

Comme l'écliptique est incliné de

23 degrés ¹/₂ ou environ par rapport à l'équateur, il en est de même du zodiaque ; ce qui fait que six de ces constellations appartiennent à la partie septentrionale, et six autres à la partie méridionale.

Constellations dites septentrionales.

Noms français.	Noms latins.	Signes qui les représentent.
Le Bélier.	Aries.	♈
Le Taureau.	Taurus.	♉
Les Gémeaux.	Gemini.	♊
L'Écrevisse.	Cancer.	♋
Le Lion.	Leo.	♌
La Vierge.	Virgo.	♍

Constellations dites méridionales.

Noms français.	Noms latins.	Signes qui les représentent.
La Balance.	Libra.	♎
Le Scorpion.	Scorpius.	♏
Le Sagittaire.	Sagittarius.	♐
Le Capricorne.	Caper.	♑
Le Verseau.	Amphora.	♒
Les Poissons.	Pisces.	♓

Les douze constellations du zodiaque sont renfermées dans ces deux vers latins :

Sunt Aries, Taurus, Gemini, Cancer, Leo, Virgo,
Libraque, Scorpius, Arcitenens, Caper, Amphora,
Pisces.

On les a traduits par ces vers français :

Bélier, Taureau, Gémeaux, Écrevisse, Lion,
Vierge ; voilà les six pour le septentrion.
Nous en comptons encor six pour l'autre hémisphère
Balance, Scorpion, Chasseur ou Sagittaire,
    Capricorne, Verseau, Poissons.
Étant pris trois à trois, ils marquent les saisons.

La section du Bélier est la section du printemps, parce que le printemps commence quand le soleil paraît arriver à cette section, pour entrer dans le signe du Bélier. Pendant le reste de cette saison, le soleil passe au Taureau et aux Gémeaux, qui sont avec le Bélier les trois signes du printemps ; le soleil semble parcourir ces signes depuis le 20 mars jusqu'au 21 juin.

Quand le soleil a parcouru les trois signes du printemps, il arrive au point du *solstice* qui est au premier degré de l'Écrevisse, alors l'été commence, et le solstice en porte le nom, *solstice d'été*. Depuis ce moment, le soleil s'en retourne vers l'équateur, en parcourant les trois signes de l'été, qui sont l'Écrevisse, le Lion et la Vierge, entre le 21 juin et le 23 septembre.

Depuis le 23 septembre jusqu'au 21 décembre, le soleil parcourt successivement les trois signes de l'automne, savoir : la Balance, le Scorpion et le Sagittaire. La section de la Balance qui commence cette saison s'appelle aussi pour cette raison la *section d'automne*.

Le soleil, en sortant du signe du Sagittaire, entre dans le premier degré de celui du Capricorne, où est fixé le *solstice d'hiver*. Il parcourt successivement les trois signes de l'hiver en remontant vers l'équateur, savoir : les signes du Capricorne, du Verseau et des Poissons. Ensuite, il rentre dans le signe d'*Aries* ou du Bélier, pour re-commencer la révolution qu'il semble avoir faite.

Je dis qu'il semble avoir faite, parce que c'est la terre qui, dans sa course annuelle, parcourt réellement l'éclip-tique, et, par conséquent, les douze signes du zodiaque ; mais le soleil, en répondant toujours au signe opposé à celui où se trouve la terre, paraît se mouvoir lui-même à mesure que nous nous déplaçons.

L'écliptique étant une ellipse peu alongée et dont les foyers sont très-rap-prochés les uns des autres, on peut expliquer par là pourquoi, dans la révolution annuelle, la terre emploie plus de temps à parcourir les signes septentrionaux que les méridionaux, et pourquoi la différence de la révolu-tion d'un équinoxe à un autre, se trouve, pour le temps, d'environ sept jours, et pour l'espace, d'environ sept degrés.

Les douze signes du zodiaque ne

sont autre chose que douze constellations qui répondaient , quand les premiers astronomes leur ont donné leurs
noms, aux douze parties de l'écliptique,
ou du zodiaque, auxquelles les mêmes
noms sont restés.

Ainsi, par *signe du zodiaque*, on
doit entendre un arc de trente degrés
de l'écliptique auquel on a donné le
nom de *Bélier*, celui de *Taureau*, etc.,
suivant la constellation qui répondait
à cet arc, au temps où ces signes ont
été fixés. Mais, depuis ce temps, toutes
ces constellations ont changé de place,
et ne répondent plus aux signes qui
portent leur nom.

Ce mouvement ou déplacement des
étoiles est ce qu'on appelle la *précession
des équinoxes*. Par cette révolution du
ciel, le zodiaque nous paraît avancer
d'occident en orient, de sorte que le
signe du Bélier répond aujourd'hui à la
constellation des Poissons. Comme il
faut deux mille cent cinquante-six années pour qu'un signe ou 3o degrés ré-

trogradent, il s'ensuit que les douze signes ou 360 degrés de l'écliptique doivent achever une révolution complète en vingt-six mille ans environ.

Au reste, ce mouvement n'appartient pas proprement aux étoiles; il est occasioné par la mobilité du pôle de la terre. Notre globe, étant aplati, donne prise à *l'attraction* latérale du soleil et de la lune, et ces deux astres, attirant de côté l'équateur terrestre, le déplacent lentement de telle sorte qu'il ne répond plus aux mêmes étoiles.

Ainsi, par le signe du Bélier, qui est le premier de tous, on doit entendre un arc de l'écliptique compris dans l'espace des 30 premiers degrés de ce grand cercle, quoique la constellation du Bélier réponde à peu près aujourd'hui au signe du Taureau. Le second signe, qui est celui du Taureau, occupe les 30 degrés suivans, c'est-à-dire l'espace qui est entre le 30e degré et le 60e. Le troisième signe, qui est celui des Gémeaux, occupe l'espace qui s'étend depuis le 60ᵉ degré jusqu'au 90ᵉ. Le quatrième signe, qui est le Cancer, s'étend depuis le 90ᵉ jusqu'au 120ᵉ, et ainsi des autres jusqu'au dernier, qui est le signe des Poissons, lequel signe occupe l'espace qui est entre le 330ᵉ et le 360ᵉ, où commence le premier degré et le premier signe, celui d'*Aries*.

Il est facile de comprendre, après ce qui vient d'être exposé, que lorsqu'on dit que le soleil est dans le signe du Bélier, on veut dire que l'arc de l'écliptique où il est se prend entre le premier degré et le 30ᵉ; quand on dit qu'il entre dans le signe du Cancer, on veut dire qu'il entre dans l'espace de l'écliptique qui s'étend depuis le 91ᵉ degré jusqu'au 120ᵉ inclusivement.

Des Étoiles fixes et des Constellations extrazodiacales.

La distance des étoiles à la terre est si grande, qu'il est reconnu impossible de la déterminer. On sait seulement que l'étoile la plus proche de nous, qui est *Sirius*, se trouve, suivant les uns, au moins vingt-sept mille fois plus éloignée de la terre que le soleil; suivant d'autres, cette distance est au moins de cent mille fois; enfin, suivant Lalande, elle doit l'être de plus de quatre cent mille fois. Or, en prenant le plus petit nombre, il s'ensuit que l'étoile la plus proche de la terre, en est à plus de neuf cents milliards de lieues; et si l'on prend le calcul de Lalande, elle en est à plus de quatorze billiards, ou quatorze millions de millions de lieues. Qu'on se figure cette énorme étendue, et qu'on en prenne occasion de se former une idée de l'immensité de l'espace.

Nul doute que toutes ces étoiles ne soient autant de soleils répandus dans la vaste étendue de l'univers, et que chacun de ces soleils n'ait son système particulier, son monde planétaire qu'il éclaire et vivifie. Remarquons qu'à l'énorme distance où sont les étoiles, il est impossible qu'elles puissent emprunter leur lumière de celle du soleil, et que leur lumière a le caractère de scintillance que n'a pas celle des planètes qui sont éclairées par lui. Celle-ci est toujours paisible et tranquille, tandis que celle des étoiles se trouve perpétuellement en activité.

On distingue tout au plus deux mille étoiles à la vue simple, et de manière à pouvoir les compter. On les divisait autrefois en 62 *constellations* ou *groupes* distribués en 3 parties, savoir : 12 dans le zodiaque, 23 dans la partie septentrionale du ciel, et 27 dans la partie méridionale. Les découvertes modernes ont augmenté de beaucoup le nombre des constellations, dont voici un tableau assez exact. Nous négligerons les constellations du zodiaque , puisque nous en avons déjà parlé.

Constellations boréales connues des anciens.

1. La petite Ourse.
2. La grande Ourse.
3. Le Dragon.
4. Céphée.
5. Le Bouvier.
6. La Couronne boréale.
7. Hercule.
8. La Lyre.
9. Le Cygne.
10. Cassiopée.
11. Persée.
12. Le Cocher.
13. Ophiucus ou le Serpentaire.
14. Le Serpent.
15. La Flèche (et le Renard).
16. L'aigle et Antinoüs.
17. Le Dauphin.
18. Le petit Cheval.

19. Le Cheval (Pégase).
20. Andromède.
21. Le Triangle.

Constellations australes connues des anciens.

1. La Baleine.
2. Orion.
3. L'Éridan.
4. Le Lièvre.
5. Le Chien.
6. Procyon.
7. Le navire Argo.
8. L'Hydre.
9. La Coupe.
10. Le Corbeau.
11. Le Centaure.
12. Le Loup.
13. L'Autel.
14. La Couronne australe.
15. Le Poisson austral.

Constellations ajoutées par Hévélius.

1. Antinoüs, au-dessous de l'Aigle (dont il faisait partie).
2. Le mont Ménale, auprès du Bouvier.
3. Les Chiens de chasse, *Astérion* et *Chara*.
4. La Girafe.
5. Cerbère, entre les mains d'Hercule.
6. La chevelure de Bérénice (séparée du Lion).
7. Le Lézard.
8. Le Lynx.
9. L'écu de Sobieski.
10. Le sextant d'Uranie.
11. Le petit Triangle.
12. Le petit Lion.

Constellations ajoutées par Halley dans la partie australe.

1. La Colombe.
2. Le Chêne de Charles II.

3. La Grue.
4. Le Phénix.
5. Le Paon.
6. L'Oiseau indien ou sans pieds.
7. La Mouche.
8. Le Caméléon.
9. Le Cœur de Charles II, placé sur le collier de *Chara*, l'un des chiens d'Hévélius.

Constellations australes de Royer.

1. L'Indien.   ⎫ Ce sont les mêmes
2. La Grue.   ⎬ que celles de Hal-
3. Le Phénix.   ⎭ ley.
4. L'Abeille ou la Mouche.
5. Le Triangle austral.
6. L'Oiseau de paradis.
7. Le Paon.
8. Le Toucan.
9. L'Hydre mâle.
10. La Dorade.
11. Le Poisson volant.
12. Le Caméléon. (La même que celle de Halley.)

Constellations australes de La Caille.

1. L'Atelier du Sculpteur.
2. Le Fourneau chimique.
3. L'Horloge astronomique.
4. Le Réticule rhomboïde.
5. Le Burin du Graveur.
6. Le Chevalet du Peintre.
7. La Boussole.
8. La Machine pneumatique.
9. L'Octant.
10. Le Compas et le Cercle.
11. L'Équerre et la Règle.
12. Le Télescope.
13. Le Microscope.
14. La Montagne de la Table.
15. Le grand et le petit Nuage.
16. La Croix. (Cette dernière est de Royer.)

Autres Constellations modernes.

Le Renne. . . . . *Lemonnier.*
Le Solitaire. . . . . *idem.*
Le Messier. . . . . *Lalande.*

La *grande Ourse* est une constellation composée de sept étoiles, située
toujours vers le nord, mais tantôt plus
haut, tantôt plus bas, suivant les temps
de l'année où on l'observe. Au mois
d'avril, vers les neuf heures du soir,
nous la voyons à notre zénith, ou sur
notre tête; au mois d'octobre, elle est
au contraire fort basse, et près de l'horizon, preuve évidente qu'elle tourne.
Si l'on veut savoir autour de quel point
ce mouvement se fait, on n'a qu'à
considérer celui qui est dans le milieu

de son cours, ou de son cercle, et qui est à peu près à la moitié de la hauteur qu'il y a depuis l'horizon jusqu'au zénith, ou depuis le cercle qui borne notre vue à la hauteur de l'œil jusqu'au sommet du ciel. Ce point est marqué par l'étoile *polaire*, qui est reconnaissable par son espèce d'immobilité. On peut se servir de la grande Ourse pour la distinguer. Les deux étoiles qui forment le devant du carré de l'Ourse, et qui sont les plus éloignées de sa queue, conduisent, par un alignement direct, à l'étoile polaire, en suivant cet alignement à droite en été, à gauche en hiver, en haut en automne, et en bas au printemps. Nous avons dit que cette constellation était composée de sept étoiles ; les quatre de devant forment un carré, et les trois de derrière forment une queue un peu recourbée.

Quand on a reconnu l'étoile polaire, qui est comme l'essieu ou le moyeu de la grande roue céleste, sur laquelle s'opère le mouvement général, on peut concevoir la manière dont les autres étoiles tournent autour de celle-là : celles qui en sont très-près ne décrivent que de petits cercles ; celles qui sont plus éloignées en décrivent de plus grands, et quand ces cercles deviennent assez grands pour atteindre l'horizon, alors les étoiles se couchent. Jusque-là, elles paraissent toute la nuit.

On distingue les étoiles par leurs différens degrés de clarté ; on les nomme étoiles de la *première*, de la *seconde*, de la *troisième grandeur*, etc.; mais quelques-unes d'entre elles offrent des singularités remarquables.

L'histoire fait mention de plusieurs étoiles qui ont paru et disparu ensuite totalement ; nous en connaissons encore actuellement qui disparaissent de temps à autre, qui augmentent de grandeur et diminuent ensuite sensiblement. Il y en a d'autres qui ont été décrites par les anciens comme des étoiles remarquables, et qui ne paraissent plus ; d'autres enfin qui paraissent constamment aujourd'hui , quoiqu'elles n'aient pas été décrites par les anciens : mais on peut attribuer une partie de ces différences à leur inattention, ou à l'erreur du catalogue des anciens , qui ne nous a été conservé qu'avec beaucoup de fautes dans l'*Almageste* de Ptolémée.

Les plus anciens auteurs, tels qu'Homère , Attalus et Géminus , ne comptaient que six Pléiades ; Simonide , Varron, Pline, Aratus, Hipparque et Ptolémée , les mettent au nombre de sept, et l'on prétendit que la septième avait disparu lors de l'embrasement de la ville de Troie.

L'histoire raconte , d'une manière plus précise , des apparitions d'étoiles nouvelles ; mais une des plus célèbres a été celle de 1572. Elle fut remarquée au commencement de novembre , faisant un rhombe parfait avec les étoiles α , β , γ , de la constellation de Cassiopée. Cette étoile parut, dès le commencement, fort brillante , comme si elle se fût formée tout à coup avec tout son éclat ; elle surpassait *Sirius*, la plus belle des étoiles, et même *Jupiter*. On l'apercevait pendant le jour. Dès le mois de décembre 1572, elle commença à diminuer, jusqu'au mois de mars 1574, qu'on la perdit de vue. Elle n'avait aucune *parallaxe* sensible ; elle n'avait point de chevelure comme les comètes, mais elle brillait comme les étoiles fixes.

La nouvelle étoile du Serpentaire, qui parut le 10 octobre 1604, fut à peu près aussi brillante que celle de 1572. Keppler assure qu'elle n'avait aucune parallaxe ni aucun mouvement par rapport aux autres étoiles ; d'où il paraît qu'elle était aussi beaucoup au-dessus de la sphère de Saturne ; car la parallaxe annuelle, produite par le mouvement de la terre, l'eût fait varier en apparence de plusieurs degrés, si elle eût été à la distance de cette planète.

On a observé dans le Cygne trois étoiles *changeantes* ; la plus remarquable des trois est celle qui est appelée χ dans Royer, et dont on observe encore les variations. Il en existe une autre dans la Baleine, une troisième dans Persée; celle - ci, qu'on appelle *Algol*, diminue sensiblement de lumière tous les trois jours, pendant quelques heures. On présume que ces étoiles ne sont pas lumineuses dans toute leur circonférence, et qu'en tournant sur leur axe, elles montrent successivement la partie lumineuse et la partie obscure.

La *voie lactée* est cette bande blanchâtre, de forme irrégulière, qui fait presque le tour du ciel, et que le peuple appelle le *chemin de Saint - Jacques*. Les poëtes en faisaient le chemin des dieux pour aller au conseil. Il y a lieu de croire que cette blancheur est formée par une infinité de petites étoiles, qu'on ne distingue point à la vue simple, ni même avec des lunettes ordinaires ; mais avec de grands télescopes, on en découvre davantage dans cette partie du ciel que partout ailleurs. La voie lactée traverse l'écliptique vers les deux solstices, et s'en écarte ensuite d'environ 6o degrés, au nord et au midi.

De même que la voie lactée forme une blancheur autour du ciel, on trouve aussi dans d'autres parties, où la voie lactée ne s'étend point, de petites blancheurs qui, à la vue simple, ressemblent à des étoiles peu lumineuses, et qui, dans le télescope, font une blancheur large et irrégulière, dans laquelle on ne trouve point d'étoiles, ou des espaces mêlés de cette blancheur et de petites étoiles ; c'est ce qu'on appelle des *nébuleuses ;* car il y en a quelques-unes qui, dans la lunette, ne paraissent autre chose que des amas de petites étoiles. Les astronomes, avant Herschell, reconnaissaient cent nébuleuses, par le moyen des télescopes ; Herschell en a trouvé plus de deux mille.

De notre système planétaire.

Notre système planétaire comprend le *soleil*, les *planètes*, les *satellites* et les *comètes*. Nous allons considérer chacune de ces choses en particulier.

Du Soleil.

Le soleil, un million quatre cent mille fois plus gros que la terre, est un corps sphérique, c'est-à-dire rond. Le raisonnement et les observations ont prouvé que c'est autour de cet astre que les planètes et les comètes se meuvent, tandis qu'il semble rester immobile au centre. Je dis qu'il semble, parce que, depuis plus d'un siècle, on a découvert qu'il a un mouvement de rotation sur lui-même, en vingt-cinq jours et à peu près douze heures. Or, un corps ne tourne point sur son axe sans avancer ; d'où il résulte que le soleil doit être emporté dans l'espace avec tous les corps qu'il éclaire, par un mouvement commun à tout le système de la nature ; ce qui nous conduit naturellement à cette grande idée, que tous les mondes doivent obéir à différens centres, qui se lient progressivement, jusqu'à ce qu'enfin ils aboutissent tous à un centre commun.

Le diamètre apparent du soleil varie dans le cours de l'année; mais cette variation provient de ce que sa distance à la terre change suivant les différens points de l'orbite que nous parcourons; car cette orbite n'est pas un cercle, mais une ellipse, et le soleil n'en occupe pas le centre, mais un des foyers. Un phénomène remarquable que présente cette variation dans les distances, c'est que le soleil se trouve plus près de nous d'un million de lieues l'hiver que l'été. Alors la sphère est très-oblique, et cet astre, s'élevant peu sur notre horizon, n'a pas le temps de réchauffer l'atmosphère refroidie par la fraîcheur des longues nuits d'hiver.

Pour s'assurer du mouvement de

rotation d'un corps céleste, il faut que l'observateur y puisse apercevoir des taches, qui, parce qu'elles disparaissent, puis reviennent en des temps réguliers, donnent la durée précise de ce mouvement.

Le père Scheiner, professeur de mathématiques à Ingolstadt, découvrit, le 20 mars 1611, des taches sur le soleil. Galilée lui disputa cette découverte. Ce fut à la faveur de ces taches que l'on reconnut la rotation du soleil. Ce sont des parties noires et irrégulières qui, presque toutes, se trouvent environnées de pénombres. C'est au milieu de ces pénombres, renfermées elles-mêmes dans des nuages de lumière, plus clairs que le reste du soleil, que l'on voit les taches se former et disparaître. « Ces taches sont-elles adhérentes au soleil, dit M. Delambre, ou flottent-elles sur l'océan lumineux qu'on suppose recouvrir la sphère solide et obscure du soleil ? Sont-elles des scories rejetées à la

surface du liquide ? Sont-elles des ro-
chers, des parties proéminentes ? Sont-
elles au-dessous du niveau ? Enfin,
quelle est leur nature ? c'est ce dont
il est difficile de s'assurer. »

Les nombreuses observations de
Herschell sur les taches solaires, ont
contribué à éclaircir ce sujet difficile.
Cet astronome pense que le corps du
soleil est un noyau solide et obscur,
environné d'une immense atmosphère
presque toujours remplie de nuages
lumineux. Ces nuages, flottant sur le
disque du soleil, s'entr'ouvrent quelquefois, et nous découvrent le noyau
obscur, de même qu'au travers les in-
terstices des nuages qui environnent la
terre, un observateur, placé sur de
hautes montagnes, aperçoit le fond des
vallées. Herschell croit aussi qu'il
existe, à la surface du soleil, des montagnes très-élevées, dont les sommets,
paraissant par intervalles au-dessus de
la matière lumineuse, nous offrent
l'apparence de taches noires.

Des Planètes.

Les planètes principales sont au nombre de onze. Les voici dans l'ordre de leur distance du soleil ; j'y ai joint le temps de la révolution de chacune d'elles autour de cet astre.

	Distance.	Révolut.
Mercure. .	13 milli. de lieues.	3 mois.
Vénus. . .	25 *idem.*	7 *id.*
La Terre. .	35 *idem.*	1 *an.*
Mars. . . .	52 *idem.*	2 *id.*
Vesta. . .	84 *idem.*	4 *id.*
Cerès. . .	95 *idem.*	4 *id.*
Pallas. . .	96 *idem.*	4 *id.*
Junon. . .	102 *idem.*	4 $^{1}/_{2}$.
Jupiter. .	179 *idem.*	12 *ans,*
Saturne. .	329 *idem.*	30 *id.*
Uranus. .	662 *idem.*	85 *id.*

Mercure.

Mercure est la planète la plus voisine du soleil : on la caractérise par un caducée ☿. C'est un corps céleste brillant, mais très-difficile à observer dans nos climats, d'où il nous paraît presque toujours plongé dans les rayons de l'astre du jour. « Quelquefois, dit M. Laplace, dans l'intervalle de la disparition de cette planète, le soir, à sa réapparition, le matin, ou voit la planète se projeter sur le disque du soleil sous la forme d'une tache noire qui décrit une corde de disque. Ces passages de Mercure font de véritables éclipses annulaires du soleil, qui nous prouvent que cette planète en emprunte la lumière. Vue dans de fortes lunettes, elle présente des phases analogues aux phases de la lune, dirigées comme elles vers le soleil, et dont l'étendue, variable suivant sa position par rapport à cet astre et suivant la direction de son mouvement, répand une grande lumière sur la nature de son orbite. » Si l'on en croit Newton, la lumière du soleil sur la surface de Mercure, est sept fois aussi grande qu'elle l'est au fort de l'été sur la surface de la terre, ce qui suffirait pour faire bouillir l'eau.

Vénus.

Après Mercure vient Vénus, qu'on a caractérisée par un miroir avec son manche ♀. C'est la plus brillante de toutes les planètes. On la connaît sous les noms d'*étoile du matin* et d'*étoile du soir*. En effet, quelquefois elle précède le soleil, d'autres fois elle le suit et se couche après lui. C'est *Lucifer* et *Vesper*. La lumière de Vénus est si considérable, que, lorsqu'on la reçoit dans un endroit obscur, elle donne une ombre sensible, et que dans certaines circonstances on l'aperçoit à la vue simple en plein jour. De même que Mercure, Vénus présente des phases. Les plus faibles lunettes font voir cette planète tantôt ronde, tantôt en croissant, ce qui prouve qu'elle ne tourne pas autour de la terre, mais autour du soleil, puisqu'elle ne peut présenter sa phase ronde que lorsque le soleil se trouve placé entre elle et la terre. Les taches que l'on découvre sur cette planète ont servi à déterminer son mouvement de rotation autour de son axe.

La Terre.

La terre est la troisième planète qui tourne autour du soleil. On la caractérise ainsi ♁ . Nous reviendrons sur les différens mouvemens de la terre, et nous en ferons l'objet d'un chapitre particulier. Notre planète a un satellite qui tourne autour d'elle en 27 jours et demi environ. Ce satellite est la lune, dont nous parlerons ailleurs.

Mars.

Cette planète, caractérisée par une flèche et un bouclier, est représentée ainsi ♂ . Ce corps céleste est rougeâtre, et sa surface présente des taches avec des formes très-variées. Quand on observe Mars au télescope, il paraît ou elliptique ou circulaire, suivant sa position par rapport au soleil. Ce phénomène prouve que c'est de cet astre qu'il reçoit sa lumière, et que sa forme est à peu près sphérique, comme celle de la terre et des autres planètes.

Jupiter.

Cette planète, la plus grosse de notre système, se trouve caractérisée par le signe ♃, première lettre de son nom en grec, et une intersection. L'éclat de Jupiter est presque aussi vif que celui de Vénus. Avec un bon télescope, on observe dans Jupiter des bandes ou zones plus brillantes que le reflet de son disque, et ces zones sont mobiles.

Galilée observa le premier, en 1610, que quatre petits corps, semblables à des étoiles, accompagnaient sans cesse Jupiter. Ces quatre petits corps sont des satellites ou lunes qui tournent autour de cette planète, et qui disparaissent, quoique le ciel soit très-clair et très-net, quand Jupiter se trouve placé diamétralement entre elles et le soleil. Cela doit arriver si Jupiter est, comme Mercure, Vénus et la terre, un corps opaque, et si, comme ces planètes, il reçoit sa lumière de l'astre du jour. La partie de son disque qui n'est point tournée vers le grand astre, se trouve privée de lumière ; elle ne peut donc éclairer les quatre petites lunes lorsqu'elles sont placées de l'autre côté. Lorsqu'au contraire elles se trouvent placées du côté éclairé, ces lunes projettent sur le corps de la planète une ombre en forme de tache ronde ; d'où il suit que les lunes ou satellites de Jupiter sont aussi des corps opaques et sphériques, éclairés par le soleil comme la planète elle-même. On a nommé premier satellite celui qui s'écarte le moins de la planète. Le rang des trois autres se règle de même d'après l'étendue de leurs élongations. Jupiter, étant un corps opaque, doit projeter derrière lui dans l'espace un cône d'ombre opposé au soleil ; et lorsque les satellites entrent dans cette ombre, ils doivent paraître éclipsés ; aussi les voit-on souvent disparaître, quand ils sont encore à une grande distance de la planète, et fort loin d'être cachés par son disque. Les réapparitions des satellites offrent des phénomènes analogues, c'est-à-dire qu'elles ont lieu quelquefois à de grandes distances du disque, ce qui surprend beaucoup les personnes qui n'ont jamais été témoins de ce phénomène.

Saturne.

Saturne est marqué par le caractère ♄ qui représente une faulx. C'est la planète la plus grosse de notre système après Jupiter, quoique sa lumière faible et plombée présente peu d'intensité. On a découvert sept satellites ou lunes autour de Saturne, et ils présentent les mêmes phénomènes que ceux de Jupiter.

Mais une des choses les plus curieuses qu'on ait découvertes par le moyen des lunettes, c'est l'anneau qui environne cette planète. Personne, avant Huygens, ne comprit et n'expliqua la cause des divers aspects qu'offre ce spectacle unique dans le système du monde. Les uns crurent que c'était la figure particulière de la planète, vue plus ou moins obliquement; les autres le prirent pour deux gros satellites. Il n'existe plus de doute depuis l'explication de Huygens.

Cet habile astronome reconnut que Saturne était environné d'un anneau large et mince, également éloigné de la planète dans tous les sens. Lorsqu'il se trouve entre le soleil et Saturne, il jette sur ce dernier une ombre mobile qui représente une espèce de bande obscure, de même que Saturne porte aussi quelquefois une ombre sur l'anneau. Il est clair que Saturne changeant de place dans son orbite, son anneau doit présenter quelques variétés d'aspects, non-seulement par rapport à nous, mais encore par rapport au soleil. Ainsi, dans un endroit de son orbite, il paraîtra avec une ellipse plus large, de sorte qu'on apercevra un grand espace entre l'anneau et la planète; d'autres fois on verra un espace moins large, et par conséquent une ellipse plus petite; dans certains temps, ce n'est presque qu'une espèce de ligne droite et sans largeur; enfin, si le plan de l'anneau passe par notre œil, cet anneau ne paraîtra point, parce que le dos ou le tranchant est tout ce qu'on en pourrait voir, et qu'il est trop mince pour être sensible à une si grande distance; c'est ce qu'on nomme la phase ronde. Elle se présente tous les quinze ans environ. On observera cette phase en 1832, 1848, 1878, 1891, etc. Cependant Herschell, avec ses excellens télescopes,

n'a jamais cessé d'apercevoir cet anneau, et il a reconnu qu'il était formé
de plusieurs parties ; deux surtout sont
très-distinctes, et il dit avoir vu les
étoiles entre ces deux séparations con-
centriques. La largeur apparente de
cet anneau est à peu près égale à la
distance qui le sépare de Saturne ;
cette distance peut être évaluée à neuf
mille lieues environ.

Uranus.

Les planètes dont nous venons de
parler ont été connues de la plus
haute antiquité. On était loin d'imaginer qu'il pût en exister d'autres, lorsqu'en 1781, Herschell, faisant la re-
vue du ciel avec un télescope de sept
pieds, observa dans les Gémeaux une
étoile plus large et moins lumineuse
que les autres. Il reconnut bientôt que
ce nouvel astre avait un mouvement,
le prit d'abord pour une comète, et
enfin reconnut que c'était une planète.

On lui donna le nom d'Uranus, et elle fut caractérisée par un globe couronné d'un H, ♅, afin de nous rappeler le nom de celui à qui nous devons cette découverte. Uranus est très-difficile à apercevoir sans lunettes; il se présente sous l'apparence d'une étoile de septième grandeur. Au moyen d'un fort télescope, Herschell a reconnu que six lunes ou satellites tournent autour de sa planète.

Cérès, Pallas, Junon, Vesta.

Ce fut pendant la première nuit qui couvrit l'horizon de notre siècle, que Piazzi découvrit la planète Cérès. Il cherchait une étoile de septième grandeur, marquée par erreur dans un catalogue, et à la place indiquée; il trouva une étoile très-petite à laquelle il reconnut un mouvement après quelques jours d'observation. La planète de Piazzi, nommée *Cérès*, décrit son orbite entre celles de Mars et de Jupi-

ter. On l'a caractérisée par une fau-
cille ♑ .

Afin de retrouver plus aisément Cérès, qui est presque imperceptible ,
M. Olbers, aussi habile médecin qu'il
est célèbre astronome, avait fait une
étude toute particulière des configu-
rations de toutes les petites étoiles que
la planète devait rencontrer sur sa
route. Ce travail lui fit découvrir, dans
l'aile gauche de la Vierge, une étoile
de septième grandeur qu'il n'avait
point remarquée jusqu'alors. Il en détermina la position , et au bout de deux
heures il s'aperçut qu'elle avait changé
de place. Il suivit sa marche , en donna avis aux astronomes , et bientôt il
fut reconnu que c'était une neuvième
planète placée entre Jupiter et Cérès.
Cette planète fut nommée *Pallas* , et
ainsi caractérisée ♀ par une lance.

En 1804, M. Harding aperçut une
étoile de huitième grandeur à laquelle
il reconnut un mouvement, et qui,
en effet, se trouva être une dixième

planète, nommée depuis *Junon*, et caractérisée par un sceptre surmonté
d'une étoile ☿ .

Le 29 mars 1807, M. Olbers découvrit une onzième planète, qui passait
sur l'aile boréale de la Vierge. C'est
Vesta caractérisée par un autel sur
lequel brûle le feu sacré ⚶ .

De la Lune.

« Le plus sensible de tous les mouvemens propres des corps célestes, dit
Lalande, celui qui dut frapper le plus
tous les yeux, fut le mouvement de la
lune. Tous les mois, cet astre change
de figure et fait le tour entier du ciel
dans un sens contraire à celui du mouvement général ; et tandis que chaque
jour la lune paraît se lever et se coucher comme tous les autres astres, en
allant d'orient en occident, elle retarde chaque jour et semble rester en
arrière des étoiles, ou , si l'on veut,
reculer vers l'orient d'environ 13 de-

grés. Ce mouvement particulier, par lequel la lune se retire peu à peu vers l'orient, dans le temps qu'elle va, comme les autres astres, vers le couchant, s'appelle *le mouvement propre*.

« Il est si considérable, qu'en 27 jours et quelque chose, la lune, qui aura paru d'abord auprès de quelque belle étoile, s'en détache, s'en éloigne, et fait le tour du ciel à contre sens du mouvement diurne en commun. Elle revient au bout de 27 jours se replacer à côté de la même étoile. A la fin du premier jour, elle s'en était éloignée de 13 degrés ou un peu plus ; le second jour, elle en était à 26 degrés, le troisième à 39 ; enfin, après 27 jours, elle s'en était éloignée de 360 degrés, et par conséquent, elle est revenue la rejoindre par le côté opposé : ainsi elle se retrouve au même point où elle paraissait être le mois d'auparavant.

« La première connaissance que l'on ait eue dans la Grèce du mouvement de la lune ou de la durée exacte de sa révolution, fut celle qu'en donna Méton, qui vivait 450 ans avant l'ère vulgaire. Il avait reconnu ou plutôt appris des Orientaux, qu'en 19 ans solaires, il s'écoulait 235 mois lunaires complets; et cette observation n'est en défaut que d'un jour sur 312 ans. Aussi cette découverte parut si belle dans la Grèce, que l'on grava le calcul en lettres d'or. On s'en sert encore dans le calendrier; et l'on appelle *cycle lunaire* la révolution de 19 ans qui ramène les nouvelles lunes aux mêmes jours de l'année. Le nombre d'or est celui qui indique l'année du cycle lunaire : il est marqué par l'unité 1, toutes les fois que la nouvelle lune arrive le premier janvier, comme en 1767. »

Revenons aux apparences diverses que l'on nomme *phases*. Le soleil éclaire toujours la moitié de la lune; mais elle nous paraît tantôt sous la forme d'un croissant lumineux, tantôt pleine, selon la position qu'elle occupe par rapport à la terre et au soleil pendant qu'elle parcourt le zodiaque dans l'espace de 29 à 30 jours.

On dit que la lune est *nouvelle*, quand elle est en conjonction avec le soleil, c'est-à-dire sur le même méridien. Alors, se trouvant entre le soleil et la terre, sa partie éclairée est entièrement tournée vers le grand astre, et, par conséquent, nous ne pouvons pas la voir, et elle ne peut nous envoyer de lumière.

Mais, en s'écartant du soleil, elle devient orientale par rapport à lui, parce qu'elle parcourt les signes du zodiaque avec beaucoup de rapidité ; une portion de la partie éclairée se présente vers nous, et, s'augmentant de jour en jour, forme ce qu'on appelle le *premier quartier*. La lune est parvenue au quart de sa révolution, ce qui arrive quand elle se trouve éloignée de 90 degrés du soleil.

A mesure qu'elle s'éloigne du soleil, nous apercevons une plus grande portion éclairée, jusqu'à ce qu'étant arrivée au milieu de son cercle, elle est en opposition avec le soleil : alors toute la partie éclairée étant de notre côté, c'est la *pleine lune ;* ce qui arrive lorsqu'elle est distante du soleil de six signes ou de 180 degrés. Dans cette position, la lune devient occidentale par rapport au soleil.

Se rapprochant ensuite du grand astre, la partie éclairée, qui est vers nous, diminue ; et, quand elle est arrivée aux trois quarts de sa révolution, ce qui a lieu lorsqu'elle est distante du soleil de 9 signes ou de 270 degrés, la lune est dans son *dernier quartier.*

La différence du premier et du dernier quartier consiste en ce que, dans le premier, la partie éclairée est vers l'occident, et, dans le dernier, elle est vers l'orient.

Notre globe étant un corps opaque comme la lune, doit aussi présenter des phases semblables quand on le considère de cet astre. Remarquons cependant que les phases de la lune et de la terre sont toujours complément l'une de l'autre. Quand la terre est pleine, la lune est obscure; quand la terre est obscure, la lune est pleine et ronde. Lorsque nous voyons ce satellite sous la forme d'un croissant fort étroit, un observateur qui serait placé dans la lune, verrait la terre presque pleine, et la lumière qu'il recevrait de notre globe produirait, sur l'hémisphère obscur de la lune, ce que la pleine lune produit sur l'hémisphère obscur de notre planète : il y aurait là, si l'on peut s'exprimer ainsi, *clair de terre*, comme nous avons notre *clair de lune*.

C'est ce qui arrive effectivement deux jours après que la lune a été nouvelle. Bien qu'alors ce satellite se présente d'abord à la vue sous la forme d'un croissant très-délié, on distingue facilement son contour entier; et la partie qui ne se trouve pas directement éclairée par le soleil est cependant visible. **Cette** lumière pâle et terne, réfléchie de la terre à la lune, a reçu le nom de *lumière cendrée.*

La lumière de la lune n'est accompagnée d'aucune chaleur. Plusieurs expériences, faites avec des miroirs ardens de la plus grande force, n'ont pu rendre cette lumière sensible. La chaleur, que les rayons du soleil peuvent lui communiquer, ne venant à nous que par réflexion, se dissipe avant que de nous parvenir.

La lune tourne sur elle-même dans le même temps qu'elle tourne autour de la terre, c'est-à-dire en 27 jours, 7 heures et quelques minutes. Si ces deux mouvemens de *rotation* et de *révolution* étaient parfaitement les mêmes, nous verrions toujours exactement le même côté de la lune ; mais à cause des petites inégalités auxquelles le mouvement de révolution est assujetti, il arrive que la lune nous découvre et nous cache quelques-unes des parties de son autre hémisphère. C'est ce phénomène que l'on nomme *libration* ou balancement de la lune.

La révolution de la lune autour de la terre est ou *sidérale*, ou *périodique*, ou *synodique*.

On entend par révolution sidérale, le retour de la lune à une même étoile; sa durée est de 27 jours, 7 heures, 43 minutes, 11 secondes.

La révolution périodique a rapport aux équinoxes; sa durée doit donc être un peu moindre que la précédente, à cause du mouvement rétrograde des points équinoxiaux; aussi la lune achève-t-elle cette révolution en 27 jours, 7 heures, 43 minutes, 4 secondes.

La révolution synodique, c'est-à-dire le retour de la lune, vue de la terre au soleil, est de 29 jours, 12 heures, 44 minutes, 2 secondes, 9 tierces. Ce qui rend cette révolution plus grande que les précédentes, c'est que, tandis que la lune avance d'occident en orient, la terre se meut aussi dans le même sens, de sorte que quand la lune est

revenue au point de son orbite d'où
elle était partie, elle a encore un peu
de chemin à faire avant de se retrouver
en conjonction avec le soleil. Ce chemin est égal à celui qu'a parcouru la
terre en s'avançant vers l'orient; et
lorsque la lune a atteint le soleil, il y a
plus de deux jours qu'elle a fini sa véritable révolution.

A la vue simple, on croit apercevoir
dans la lune une espèce de figure humaine. Les anciens philosophes ont
eu à cet égard des opinions différentes,
et quelques-uns d'entre eux ont avancé
que cette singularité était produite par
l'image de l'océan et de la terre, qui
s'y réfléchissaient comme dans un miroir. Cette apparence vient de ce que
la lune, coupée comme la terre par des
vallées et des montagnes, offre une
succession de parties obscures et de
parties éclairées.

Afin de faciliter leurs découvertes,
les astronomes ont donné des noms à
la plupart des taches dont le disque

de la lune est couvert. Le catalogue suivant, le plus usité, est celui de Langrenus, qui y plaça plusieurs philosophes de l'antiquité, et quelques astronomes ses contemporains. Descartes et Newton n'avaient pas encore paru.

1. Grimaldi.
2. Galilée.
3. Aristarque.
4. Keppler.
5. Gassendi.
6. Schirkard.
7. Harpalus.
8. Héraclide.
9. Laensberg.
10. Reinsholde.
11. Copernic.
12. Hélicon.
13. Capuanus.
14. Bouillaud.
15. Ératostènes.
16. Timocaris.
17. Platon.
18. Archimèdes.

19. L'Ile du Sinus moyen.
20. Piratus.
21. Ticho.
22. Eudoxe.
23. Aristote.
24. Manilius.
25. Ménalus.
26. Hermès.
27. Possidonius.
28. Dionysius.
29. Pline.
30. Catharina, Cyrillus, Théophilus.
31. Fracastor.
32. Promontoire aigu.
33. Messala.
34. Promontoire des songes.
35. Proclus.
36. Cléomède.
37. Snellius et Furner.
38. Pétau.
39. Lanyrenus.
40. Teruntius.
A. Mer des humeurs.
B. Mer des nues.

C. Mer des pluies.
D. Mer de nectar.
E. Mer de tranquillité.
F. Mer de sérénité.
G. Mer de fécondité.
H. Mer des crises.

« Comme il n'existe autour de la lune aucune atmosphère sensible, dit M. Biot, il s'ensuit qu'il ne saurait y avoir de liquides à sa surface ; car on démontre en physique que, sans le poids de l'atmosphère terrestre, et des vapeurs qui s'y trouvent, tous les liquides qui sont à la surface de la terre se réduiraient en vapeurs, jusqu'à ce qu'ils eussent formé une nouvelle atmosphère, à laquelle chacun d'eux contribuerait suivant le degré de sa force élastique. Si cette nouvelle atmosphère restait autour de la terre, l'évaporation s'arrêterait quand la tension de la vapeur de chaque liquide serait égale à ce qu'elle serait dans le vide, à la même température. Mais si quelque cause absorbante enlevait ces vapeurs à mesure qu'elles se forment, ce qui aurait dû être le cas de la lune, puisque les observations prouvent qu'il n'existe point de vapeurs à sa surface, il faudrait bien que par cette évaporation continuelle tous les liquides finissent par l'épuiser.

« Ces circonstances physiques s'opposent à ce que la lune, dans son état actuel, puisse être habitée par des êtres animés, semblables à ceux qui peuplent la surface de la terre; car ils ne pourraient y respirer, ni par conséquent y vivre. Tout doit être solide à la surface de cet astre, et il y règne sans doute un froid excessif. Mais peut-être cet état n'a-t-il pas toujours existé; il est possible que la lune ait eu autrefois une atmosphère, qu'alors elle ait été habitée, et que la pesanteur terrestre, favorisée par quelque circonstance particulière, ait attiré cette atmosphère, et l'ait réunie à la nôtre.

« Enfin on a quelquefois remarqué sur le disque de la lune des points lumineux qui ont brillé pendant un temps plus ou moins considérable. On en a vu de semblables, même pendant des éclipses de soleil, lorsque la face que la lune nous présente est directement opposée à cet astre. Ces circonstances indiquent que les points dont il s'agit sont lumineux par eux-mêmes. Il est donc possible que ce soient des volcans qui aient des intermissions, comme l'Etna et le Vésuve. L'extrême rareté de l'atmosphère lunaire, si toutefois elle existe, n'est pas un obstacle à ces combustions, parce qu'on connaît des substances qui développent dans leur ignition le gaz oxigène nécessaire pour que les corps puissent brûler. »

Du Calendrier.

Ce que nous venons de dire, touchant la révolution de la lune, nous conduit naturellement à parler du *calendrier*.

On entend, par ce mot, la distribution des temps, accommodée aux usages de la vie civile. Cette distribution se règle sur la connaissance exacte des jours, des mois, des années, du cycle solaire, des lettres dominicales, du cycle lunaire et du nombre d'or, de l'indiction, de la période victorienne, de la période julienne, des épactes. Le calcul de ces différentes choses est ce qu'on appelle le *comput ecclésiastique*.

On distingue deux sortes de jours, le *naturel* et l'*artificiel*. Le jour naturel comprend la révolution entière du soleil en 24 heures, et le jour artificiel n'est que le temps que le soleil reste sur l'horizon, c'est-à-dire depuis son lever jusqu'à son coucher. Le commencement du jour naturel n'est pas le même pour tous les peuples. Les uns le prennent du lever du soleil, d'autres de son coucher; plusieurs à minuit, comme en France, en Espagne, en Allemagne et dans la plus grande partie de l'Europe ; d'autres enfin à midi, comme font aujourd'hui plusieurs astronomes.

Les Juifs et les Romains divisaient le jour artificiel en quatre parties ou quatre heures principales, qu'ils nommaient *prime*, *tierce*, *sexte* et *none*. Pour comprendre cette division, il faut supposer le jour artificiel partagé en douze heures égales : *prime* commençait avec la première des douze, au lever du soleil ; *tierce* commençait avec la quatrième et durait jusqu'à midi ; *sexte* commençait à la fin de la sixième heure, ou à midi, et durait jusqu'à la fin de la neuvième heure ; *none* remplissait les trois autres heures qui restaient jusqu'au coucher du soleil.

Il y a deux sortes de mois, les *solaires* et les *lunaires*. Les premiers divisent en douze parties la révolution annuelle de la terre autour du soleil ;

et les seconds comprennent les révolutions de la lune autour de la terre.

Romulus, fondateur de Rome, n'avait composé l'année que de dix mois, dont *mars* était le premier, puis *avril, mai, juin, quintile, sextile, septembre, octobre, novembre, décembre*. Les six derniers prenaient leurs noms de la place qu'ils occupaient. Dans la suite, Numa Pompilius ajouta les deux mois de *janvier* et de *février*, qu'il plaça au commencement de l'année, mais sans changer les anciennes dénominations, quoique l'ordre eût changé, et ce sont encore aujourd'hui les mêmes, à l'exception de *quintile* et de *sextile*, le premier ayant été appelé *juillet*, de Jules César, et le second *août*, du nom d'Auguste.

Jules César avait ordonné que le premier, le troisième, le cinquième, le septième, le neuvième et le onzième mois, c'est-à-dire janvier, mars, mai, juillet, septembre, novembre, auraient trente-un jours chacun, et tous les antres mois trente, excepté février, qui n'en devait avoir que vingt-neuf dans les années communes, et trente dans les années bissextiles. Mais Auguste ne voulut pas que le mois qui portait son nom fût inférieur à celui de juillet; c'est pourquoi il prit un jour au mois de février, pour le donner au mois d'août, et dérangea ainsi l'ordre commode que Jules César avait établi, en ordonnant que les mois eussent alternativement trente-un et trente jours.

Les Romains ne comptaient pas les jours du mois tout d'une suite comme nous. Ils avaient, pour chaque mois, trois points fixes, les *calendes*, les *nones* et les *ides*, desquels ils comptaient les autres jours. Les calendes étaient le premier jour de chaque mois; les nones arrivaient le 7 dans les mois de mars, de mai, de juillet et d'octobre; et le 5 dans les autres mois. Les ides tombaient le 15 dans ces mêmes quatre mois, et le 13 dans les autres. Les jours qui précédaient ces trois termes, étaient désignés par leur quantième, soit avant les calendes, soit avant les nones, soit avant les ides, en y comprenant le jour même du terme; en sorte qu'après le troisième avant les calendes, on disait *pridie*, et le jour du terme était considéré comme le dernier.

Dans les années bissextiles, il y avait, au mois de février, deux jours de suite qui étaient appelés le sixième avant les calendes. Le premier répondait au 24 du mois, et le second au 25. Il arrivait de là qu'on disait, à l'égard du dernier, *bis sexto calendas*, en sous-entendant *ante*, d'où le nom *bissextiles* a été donné à ces sortes d'années.

Nous avons dit qu'il y avait deux sortes de mois lunaires, le *périodique* et le *synodique;* nous ferons seulement observer ici que les mois synodiques de trente jours sont nommés *pleins*, et ceux de vingt-neuf jours sont appelés *caves*.

On distingue l'année en *astronomi-que* et *civile*. L'une et l'autre sont encore ou solaire ou lunaire.

L'année *astronomique solaire* est le temps que le soleil emploie à faire le tour du zodiaque d'occident en orient, ou le temps qui s'écoule soit depuis un équinoxe jusqu'au retour du même équinoxe, soit d'un solstice jusqu'au retour au même solstice. Ce temps est de trois cent soixante-cinq jours et environ six heures.

L'année *lunaire astronomique* est composée de douze lunaisons de 29 jours 12 heures 44 minutes chacune, qui font 354 jours 8 heures 48 minutes pour l'année entière.

On se sert des sept premières lettres de l'alphabet, que l'on fait correspondre aux jours du mois pour marquer les jours de la semaine. Voici de quelle manière on dispose ces lettres : l'A correspond au 1er janvier, le B au 2, et ainsi de suite jusqu'au G, qui correspond au septième jour. Ensuite elles reviennent successivement dans le même ordre, en sorte que l'A se retrouve le 8, le 15, le 22 et le 29 janvier; ensuite le B vient au 30, le C au 31 : d'où il suit que le D se trouve au premier février et figure à son tour le 8, le 15, etc., du même mois.

On appelle ces lettres *dominicales*, parce qu'on s'en sert pour marquer tous les dimanches de l'année. Par exemple, si l'A est la lettre dominicale d'une année, elle indiquera constamment le dimanche pendant tout le cours de cette année, à moins qu'elle ne soit bissextile; car, alors, il y a deux lettres dominicales, dont l'une sert depuis le commencement de l'année jusqu'au 25 février, et l'autre depuis ce jour inclusivement jusqu'à la fin de l'année.

Il faut observer que les lettres ne deviennent pas dominicales suivant le rang qu'elles occupent dans l'alphabet, mais dans un ordre renversé; c'est-à-dire que si la lettre G est dominicale pendant une année, F le devient l'année suivante, ensuite E, puis D, puis C, puis B, et enfin A; après quoi le G recommence. La raison de cette marche vient de ce que, si l'année commence par un lundi, et, par conséquent, que le dimanche arrive le 7 de janvier, à côté duquel est G, l'année suivante commencera par un mardi, et le dimanche tombera le 6, auquel correspond la lettre F, etc., en observant le cas d'une année bissextile. Ainsi, quand on sait la lettre dominicale d'une année, on peut trouver celle des années suivantes.

L'année civile est celle dont se servent les peuples pour compter les temps et les âges. Or tous les peuples ne s'accordent pas sur ce point : les uns règlent leur année sur le mouvement relatif au soleil, les autres sur celui de la lune.

Parmi ceux qui se réglaient anciennement sur le mouvement solaire, il y a encore beaucoup de diversité jusqu'à

Jules César, qui, pour établir un mode uniforme dans tout l'empire romain, fit assembler les plus habiles astronomes de son temps, et, d'après leur avis, fixa l'année solaire à 365 jours 6 heures. Mais comme il eût été fort incommode de faire commencer l'année six heures après la fin du dernier jour, on a laissé ces six heures s'accumuler jusqu'à ce qu'elles forment un jour entier : ce qui arrive au bout de quatre ans. Ainsi, tous les quatre ans, on compte un jour de plus, et c'est cette quatrième année qu'on appelle *bissextile*.

Mais il s'en faut de onze minutes que le quart de jour ne soit juste; or ces onze minutes font 24 heures au bout de cent trente-quatre ans. On fut donc obligé de réformer encore le calendrier; et on convint que sur quatre cents ans, les dernières années des trois premiers siècles ne seraient pas bissextiles, et qu'il n'y aurait que la dernière du quatrième qui le serait. Par exemple les années 1700 et 1800 n'ont pas été bissextiles ; 1900 ne le sera pas non plus, mais l'an 2000 le sera. Cette dernière réforme a été faite en 1582, sous le pontificat de Grégoire XIII.

Pour savoir si telle année d'un siècle est bissextile, il suffit donc de diviser le nombre qui exprime cette année par quatre : si la division se fait sans reste, l'année proposée est bissextile; s'il y a un reste, elle ne l'est pas. Il en est de même des années séculaires.

Un autre inconvénient qui résultait de l'ancien calendrier, c'est que les nouvelles lunes n'étaient pas exactement indiquées par les nombres d'or qui y avaient été placés vers l'an 530, et disposés comme ils l'eussent été du temps du concile de Nicée. Au temps de la réforme, les nouvelles lunes précédaient de quatre jours celui auquel elles étaient marquées. Par exemple, la nouvelle lune qui était marquée au cinq janvier, arrivait au 1er de ce mois. Cela venait de ce que la durée

de 235 lunaisons, contenues en 19 ans, est un peu plus courte que les 19 années; car il arrive de là qu'après 625 ans, la nouvelle lune tombe deux jours plus tôt qu'auparavant. Ainsi, du temps de Grégoire, l'erreur devait être de quatre jours. Pour y remédier, il eût fallu faire remonter les nombres d'or de quatre places; mais, d'un autre côté, le retranchement de dix jours devait les faire descendre de dix places; d'où il est résulté qu'en les faisant descendre de six places, ils se sont trouvés à celle qu'ils devaient occuper.

Mais cette réforme ne détruisait point la source de l'erreur; elle faisait seulement sentir que les nombres d'or n'étaient pas propres à servir pour un calendrier perpétuel, et les astronomes de Grégoire XIII ne pouvaient rien imaginer qui pût leur être substitué, lorsqu'on trouva dans un ouvrage d'un savant astronome et médecin de Rome, appelé Aloysius-Lilius, ce que l'on cherchait, c'est-à-dire un moyen simple et facile de faire un calendrier perpétuel qui indique les nouvelles lunes pour tous les jours de chaque année.

Le moyen proposé par Aloysius pour ce calendrier, était des *épactes*, qui sont trente nombres que l'on écrit en chiffres romains à côté des jours du mois, comme on plaçait autrefois les nombres d'or; mais avec cette différence qu'il y a des épactes pour tous les jours du mois, au lieu qu'il n'y avait des nombres d'or que vis-à-vis certains jours, c'est-à-dire autant qu'il arrivait de nouvelles lunes dans le mois pendant les 19 années du cycle lunaire, ce qui était un défaut dans cette méthode; car, au moyen de la *métemptose* et de la *proemptose* (mots par lesquels les astronomes entendent que la lune retarde, ou avance d'un jour), il n'y a point de jour dans le mois auquel la nouvelle lune ne puisse arriver.

Les épactes sont disposées en sens rétrograde, en sorte que l'astérisque *, qui tient lieu de l'épacte xxx, est à côté du premier janvier, ensuite l'épacte xxix à côté du second jour, et ainsi de suite, jusqu'à l'épacte 1 qui répond au 30 de ce mois, après quoi revient l'astérisque * qui répond au 31. On a donné cet ordre à ces nombres, afin qu'ils puissent marquer le nombre de jours qu'a la lune au commencement de l'année, pendant laquelle ils indiquent les nouvelles lunes; car l'épacte n'est autre chose que le nombre de jours dont la lune précède le commencement de l'année civile.

On a placé un astérisque * au 1er janvier, au lieu du nombre xxx, parce qu'il peut arriver qu'il y ait une lune qui se termine au 1er de décembre et une autre au 31. Si on a égard à celle qui se termine au 1er décembre, l'épacte de l'année suivante doit être xxx, parce qu'il reste 30 jours après le 1er de ce mois jusqu'à la fin. Mais si on a égard à la lune qui se termine au dernier de ce mois, l'épacte de l'année suivante doit être zéro. Or, comme dans l'un et l'autre cas il faudrait mettre xxx ou zéro, on a mis l'astérisque pour exprimer l'un ou l'autre.

Comme les mois lunaires sont tantôt pleins et tantôt caves, on a mis ensemble les deux épactes xxv et xxiv, en sorte qu'elles répondent à un même jour pour six mois de l'année, savoir : au 5 février, au 5 avril, au 3 juin, au 1er août, au 29 septembre et au 27 novembre. Enfin on a placé l'épacte xix à côté de l'épacte xx, au 31 décembre, pour concourir au nombre d'or xix, qui indique la dernière des sept années du cycle lunaire. Dans cette année, la lune, qui commence au 2 de décembre, doit finir le 30, parce qu'elle n'a que 29 jours ; par conséquent la nouvelle lune doit être le 31, et ainsi l'épacte xix doit se trouver à côté de ce jour.

D'après la définition que nous avons

donnée de l'épacte, qui n'est autre chose que le nombre 11 excédant de l'année solaire sur l'année lunaire, il n'est pas difficile de trouver l'épacte d'une année quand on connaît celle de l'année précédente; il suffit d'ajouter 11, et si la somme n'excède pas 30, ce sera l'épacte cherchée; mais si la somme excède 30, il faut supprimer 30, et le surplus est l'épacte cherchée. Il n'y a d'exception à cette règle que lorsque le nombre d'or est 1, c'est-à-dire tous les 19 ans; car alors il faut ajouter 12 à la dernière épacte.

La raison pour laquelle on retranche 30, lorsque le nombre se trouve rempli, vient de ce que les 11 unités, que l'on ajoute chaque année à l'épacte de l'année précédente, expriment les 11 jours que l'année solaire a de plus que l'année lunaire. Or, ces 11 jours ajoutés les uns aux autres, forment tous les 13 ans une lunaison entière, plus 3 jours; et, au bout de 19 ans, les sept mois embolismiques du cycle lunaire. Il faut donc, pour se trouver de pair avec la lune, retrancher 30 de la somme qui vient, en ajoutant 11, à l'exception du dernier mois embolismique, qui n'a que 29 jours, tandis que les six autres en ont 30 ; aussi ne devrait-on retrancher que 29 ; mais on remédie à cet excès de retranchement, en ajoutant 12 à la dernière épacte du cycle lunaire.

Voici une méthode pour connaître l'épacte d'une année, sans connaître celle de l'année précédente. Il faut multiplier 11 par le nombre d'années qui se sont écoulées depuis 1700, jusques et compris l'année dont on cherche l'épacte ; puis on ajoutera 9 au produit, et, de plus, autant d'unités que le nombre d'or 1 est venu de fois depuis 1700 ; après quoi on divisera la somme par 30, et le reste de la division sera l'épacte que l'on cherche. S'il n'y avait point dè reste après la division, l'épacte serait *, qui tient la place de xxx.

« L'épacte a pour objet de marquer les nouvelles lunes dans le calendrier, et de marquer le jour auquel on doit célébrer la fête de Pâques.

Pour connaître l'âge de la lune par le calendrier, il faut d'abord savoir quelle est l'épacte de l'année, et ensuite voir, dans le calendrier, de combien de jours cette épacte précède le jour du mois pour lequel on veut savoir l'âge de la lune. Cependant, il faut remarquer que l'épacte annonce rarement la nouvelle lune le jour qu'elle arrive; le plus souvent, elle ne l'annonce qu'un ou deux, quelquefois même trois jours après qu'elle est arrivée. La règle que nous présentons ici n'est pas susceptible d'une plus grande précision.

Il y a aussi une autre méthode pour trouver l'âge de la lune, sans avoir besoin de recourir au calendrier. Elle consiste à prendre la somme de trois nombres, savoir: de l'épacte, des jours du mois dans lequel court la lune dont on veut savoir l'âge, et enfin des mois, depuis le mois de mars exclusivement. Nous prenons ce mois pour époque, parce que les deux premiers mois, janvier et février, pris ensemble, sont égaux à deux lunaisons ; et comme l'épacte annonce l'âge de la lune au commencement de l'année, il ne faut rien ajouter aux deux premiers nombres pour le mois de janvier. Mais ce mois ayant 31 jours, il faut ajouter 1 au mois de février, et ce jour se trouve absorbé à la fin de ce mois. Par conséquent, il ne faut rien ajouter à celui de mars ; mais depuis ce mois jusqu'à la fin de l'année, les mois solaires excèdent d'un jour les mois lunaires ; voilà pourquoi il faut ajouter autant de jours qu'il s'est écoulé de mois depuis celui de mars. Nous disons donc qu'il faut réunir les trois nombres, de l'épacte, du quantième du mois, et du nombre de mois depuis celui de mars. Si la somme n'excède pas 3o, elle indiquera l'âge de la lune ; si elle excède 3o, il faudra retrancher ce nombre, et le surplus marquera l'âge de la lune.

Il ne nous reste à parler que de la lune qui doit régler la fête de Pâques. Pour connaître le fondement sur lequel porte cette lune, il faut savoir que le concile de Nicée ordonna, en 325, que la fête de Pâques serait célébrée le premier dimanche d'après la pleine lune qui tombe au jour même de l'équinoxe du printemps, ou dans les jours qui suivent cet équinoxe. Or, l'équinoxe du printemps est fixé au 21 mars, et la pleine lune est toujours le quatorzième de sa date; d'où il suit que, pour qu'une lune soit pascale, il faut qu'elle soit nouvelle ou plutôt le 8 mars, parce qu'alors la pleine lune tombe le 21 de ce mois, qui est le jour de l'équinoxe, et par conséquent cette lune est pascale; mais toute lune qui tombe avant le 8 mars ne saurait être pascale. Il faut alors attendre la pleine lune de celle qui la suit.

Ainsi, pour savoir quel jour tombera la fête de Pâques, il faut, 1° connaître l'épacte et la lettre dominicale de l'année proposée ; 2° voir quel est le premier jour après le 7 mars auquel répond l'épacte de l'année, dans le calendrier ; 3° compter quatorze jours depuis celui de la nouvelle lune inclusivement, le quatorzième sera la pleine lune pascale ; 4° enfin voir le premier jour, après cette pleine lune, auquel répond la lettre dominicale ; ce jour sera le dimanche de Pâques. Si la lettre se trouve double, il ne faut avoir égard qu'à la seconde. C'est d'après cette méthode, et non d'après les calculs rigoureux des astronomes, qu'on règle la pleine lune de l'équinoxe du printemps. D'après cette disposition, Pâques ne peut jamais arriver plus tôt que le 22 mars, ni plus tard que le 25 avril.

FIN DE LA PREMIÈRE PARTIE.